高等教育工业设计专业系列实验教材

# 产品形态设计
# PRODUCT FORM DESIGN
## 文 法 与 原 理
## TEXTOLOGY AND PRINCIPLES

傅桂涛　王　丽　陈国东　主　编
潘　荣　副主编

中国建筑工业出版社

图书在版编目（CIP）数据

产品形态设计：文法与原理／傅桂涛等主编．—北京：中国建筑工业出版社，2018.8
高等教育工业设计专业系列实验教材
ISBN 978-7-112-22430-2

Ⅰ．①产…　Ⅱ．①傅…　Ⅲ．①产品设计－造型设计－高等学校－教材　Ⅳ．①TB472

中国版本图书馆CIP数据核字（2018）第147357号

责任编辑：贺　伟　吴　绫　唐　旭　李东禧
责任校对：王　瑞
书籍设计：钱　哲

本书附赠配套课件，如有需求，请发送邮件至1922387241@qq.com获取，并注明所要文件的书名。

高等教育工业设计专业系列实验教材
产品形态设计　文法与原理
傅桂涛　王　丽　陈国东　主编
潘　荣　副主编
*
中国建筑工业出版社出版、发行（北京海淀三里河路9号）
各地新华书店、建筑书店经销
北京锋尚制版有限公司制版
天津图文方嘉印刷有限公司印刷
*
开本：850×1168毫米　1/16　印张：9¾　字数：195千字
2019年3月第一版　2019年3月第一次印刷
定价：58.00元（赠课件）
ISBN 978-7-112-22430-2
（32274）

## “高等教育工业设计专业系列实验教材”编委会

# 总序
FOREWORD

仅仅为了需求的话，也许目前的消费品与住房设计基本满足人的生活所需，为什么我们还在不断地追求设计创新呢？

有人这样评述古希腊的哲人：他们生来是一群把探索自然与人类社会奥秘、追求宇宙真理作为终身使命的人，他们的存在是为了挑战人类思维的极限。因此，他们是一群自寻烦恼的人，如果把实现普世生活作为理想目标的话，也许只需动用他们少量的智力。那么，他们是些什么人？这么做的目的是为了什么？回答这样的问题，需要宏大的篇幅才能表述清楚。从能理解的角度看，人类知识的获得与积累，都是从好奇心开始的。知识可分为实用与非实用知识，已知的和未知的知识，探索宇宙自然、社会奥秘与运行规律的知识，称之为与真理相关的知识。

我们曾经对科学的理解并不全面。有句口号是“中学为体，西学为用”，这是显而易见的实用主义观点。只关注看得见的科学，忽略看不见的科学。对科学采取实用主义的态度，是我们常常容易犯的错误。科学包括三个方面：一是自然科学，其研究对象是自然和人类本身，认识和积累知识；二是人文科学，其研究对象是人的精神，探索人生智慧；三是技术科学，研究对象是生产物质财富，满足人的生活需求。三个方面互为依存、不可分割。而设计学科正处于三大科学的交汇点上，融合自然科学、人文科学和技术科学，为人类创造丰富的物质财富和新的生活方式，有学者称之为人类未来“不被毁灭的第三种智慧”。

当设计被赋予越来越重要的地位时，设计概念不断地被重新定义，学科的边界在哪里？而设计教育的重要环节——基础教学面临着“教什么”和“怎么教”的问题。目前的基础课定位为：①为专业设计作准备；②专业技能的传授，如手绘、建模能力；③把设计与造型能力等同起来，将设计基础简化为“三大构成”。国内市场上的设计基础课教材仅限于这些内容，对基础教学，我们需要投入更多的热情和精力去研究。难点在哪里？

王受之教授曾坦言：“时至今日，从事现代设计史和设计理论研究的专业人员，还是凤毛麟角，不少国家至今还没有这方面的专业人员。从原因上看，道理很简单，设计是一门实用性极强的学科，它的目标是市场，而不是研究所或书斋，设计现象的复杂性就在于它既是文化现象同时又是商业现象，很少有其他的活动会兼有这两个看上去对立的背景之双重影响。”这段话道出了设计学科的某些特性。设计活动的本质属性在于它的实践性，要从文化的角度去研究它，同时又要从商业发展的角度去看待它，它多变但缺乏恒常的特性，给欲对设计学科进行深入的学理研究带来困难。如果换个角度思考也许会有帮助，正是因为设计活动具有鲜明的实践特性，才不能归纳到以理性分析见长的纯理论研究领域。实践、直觉、经验并非低人一等，理性、逻辑也并非高人一等。结合设计实践讨论理论问题和设计教育问题，对建设设计学科有实质性好处。

对此，本套教材强调基础教学的“实践性”、“实验性”和“通识性”。每本教材的整体布局统一为三大板块。第一部分：课程导论，包含课程的基本概念、发展沿革、设计原则和评价标准；第二部分：设计课题与实验，以 3~5 个单元，十余个设计课题为引导，将设计原理和学生的设计思维在课堂上融会贯通，课题的实验性在于让学生有试错容错的空间，不会被书本理论和老师的喜好所限制；第三部分：课程资源导航，为课题设计提供延展性的阅读指引，拓宽设计视野。

本套教材涵盖工业设计、产品设计、多媒体艺术等相关专业，涉及相关专业所需的共同“基础”。教材参编人员是来自浙江省、江苏省十余所设计院校的一线教师，他们长期从事专业教学，尤其在教学改革上有所思考、勇于实践。在此，我们对这些富有情怀的大学老师表示敬意和感谢！此外，还要感谢中国建筑工业出版社在整个教材的策划、出版过程中尽心尽职的指导。

叶丹　教授

2018 年春节

# 前言

# PREFACE

产品形态设计是工业设计专业的主要教学内容之一，在专业基础课、专业课、毕业设计等环节中都是重要的构成部分。这既是由工业设计产生的历史背景决定的，也是由工业设计的作品呈现方式决定的——产品的形态是商业和人文视角下的设计目的，也是所有物质的、非物质的设计价值载体。一个独特又合理的形态几乎涉及工业产品所要实现的各种设计目标，可以说一个工业设计师的形态设计能力与解决问题能力是正相关的。

为了培养学生的产品形态设计能力，从经典的包豪斯课程体系开始，设计教育界进行了长期持续的探索实践。国内高校曾普遍采用的设计构成教学很好地解决了纯形式的设计问题，其理论价值、实用价值都是毋庸置疑的，但产品形态设计从来都不是一个单纯的形式问题。

在工业技术发展的早期，形式与产品的功能、工艺等物质属性尚存在较大的错位，形式如何和产品的物质层面结合始终是优秀设计师的个人探索和领悟，与之相对的是对形式和功能之间不可调和的广泛争论，形式与功能、艺术与技术互相敌视，形式设计的理论长久没有实质性的进展。

从塑料的应用开始，人类材料科学和生产工艺的进步日新月异，形式与功能的矛盾已经在发生深刻的转化。直至今日，倏然已经产生形式创意跟不上技术进步的感觉。计算生成设计、3D 打印、智能材料……技术提供的无限可能性已然成为纯形式设计的原动力。当今时代，技术和艺术、工业和商业互为支撑，越来越多的设计作品、商业产品都体现了形式与功能、美感与工艺、价值与成本的完美结合。

在这种时代背景下，产品形态设计的实践者们早已不再依赖纯形式的外观设计与功能的剪贴，与之对比的是，学院教学在形式设计理论上已经落后于实践。本书结合设计界同仁的无数优秀设计案例，参考业界在设计实践中探索形成的产品形态设计的概念、方法、理念，在将传统形式设计理论与产品物质层面要素的整合上作了深入的理论和实践探索。

本书将产品的形态作为一个“文本”来看待，“文本”天然地将形式和内容（功能、材料、工艺、感知等主客观要素）统一起来，构成这个文本的有基本的要素——基本形及形式之外的主客观要素；有结构上的逻辑——相关性与主题；有整体的文风——调性；有特征和要点——细节；有关节——边界；有内在冲突——态。

由于本人能力有限，术业未精，书中难免存在一些错误和不足，现在怀着忐忑的心情呈现出来，希望能抛砖引玉，更希望能够收获批评与指正，以弥补本人视野和理念上的不足。

在此感谢中国建筑工业出版社为本书付梓提供的机遇和支持；感谢本套系列教材总主编潘荣、叶丹、周晓江三位教授的组织、策划和协调，尤其感谢潘荣教授的支持和不断鞭策，使得教材能够尽快成书；感谢导师陈震邦教授对笔者的指导和鼓励；感谢承担搜集资料料、编辑插图等工作的研究生潘利涛、钱佳慧同学；感谢提供设计作品的优秀毕业生李正演及沈泽、蒋南风、涂浙闽、王雯藜、陈旭、琚思远等浙江农林大学工业设计专业的历届同学。

傅桂涛

2018 年 3 月

# 目录

CONTENTS

01

# 第 1 章　课程导论



30　40　60

# 第 1 章　课程导论



## 1.1　课程概况

产品形态设计是工业设计的专业基础课，根据不同的培养方案可以单独开设，或与“造型基础”课程结合，也可在如“产品设计”、“专题设计”、“快题设计”等专业课中作为教学内容的组成部分。

课程立足设计构成的经典理论，面向产品设计的实际需求，系统总结了产品形态设计的主要文法，将基础知识和技能围绕实际应用进行了系统化和提炼、升华。

为使学生更好地接受教学内容，要求先修的课程包括设计概论、材料与成型工艺、设计构成、设计表达（手绘）、计算机辅助设计（3D 建模软件）。

授课采取知识点和设计实践相结合的方式，通过知识点解读、案例分析和设计实践、检讨修改、总结提高的过程来培养学生的形态设计能力。也可采用翻转课堂的教学模式，将理论和案例部分交由学生自学，而将答疑、讨论与方案检讨、总结提高等环节结合起来在课堂互动中进行。

## 1.2　课程教学模式的沿革和发展

产品形态设计课程传统上基本采用“理论 + 案例 + 习题”的模式，以理论的内在结构为线索形成完整的体系。近年来越来越多的教材采用以课题为核心的实验教学模式，将知识点穿插在一系列设计课题中，让学生在做中学，提高了学生的参与度。前者的优点是理论体系完整，但对知识的应用缺乏系统的指导，就像图书馆里排列有序的藏书，自成体系却很难装进随身工具箱；后者往往在知识点的逻辑结构上较松散，知识点之间的深浅差异较大，知识体系不够完整，在单个知识点上有启发意义，但由于系统性较弱，在面对多变的设计对象和具体条件时很难发挥作用，就像是一堆精巧的不同工种的工具，单件功能强大但不成套，在解决问题时难免捉襟见肘。

结合以上两种模式的特点，本课程采用设计课题的结构，将知识点融入各个设计课题中，同时注意强化课题之间的逻辑关系，强调各个知识点之间的关联，全部知识点串联起来即是一个完整的理论体系，但这个串联不是单向的，而是可以在知识点间穿插交联，构建起知识点之间的网状结构。基于这个网状结构又提出了“多路径思维模式”的理念，将理论知识自身的逻辑性和应用方式的灵活性结合起来。

基于这种网状结构和多路径思维模式的教学思路，本教材的使用者可以根据实际情况灵活选择，组合学习的内容，以适用于不同培养方案和就业方向。本课程也试图探索一种适应翻转课堂教学模式的教材改革思路，除了组织学生对给定的知识进行学习、思考、实践外，还能让学生在多路径思维模式的训练中，提高对知识点的主动构建能力，将知识点变成高度灵活的模块，可以在面对不同的实际问题时灵活组合，使知识进一步地交叉和融合，进而发挥所学知识的最大效用。

# 1.3 本书内容及特点



## 1.3.1 理论体系

本书的理论体系由五个主要概念模块组成，包括“基本形”、“相关性与主题”、“局部与细节”、“边界”、“态”，其中前四个概念模块阐述“形”的问题，最后一个模块从方向性和表情两个方面阐述“态”的问题（图 1-1），系统地回答了一个完整产品形态所具备的要素、结构框架、关键与节点、情态与感染力等问题。

这其中，“调性”、“相关性与主题”、“边界”三个概念是产品形态文法的主框架，三者可以互相交叉，也可独立支撑一个作品，决定一个设计作品的完整性、创新性与艺术性；“基本形”、“细节”是素材和工具，决定一个作品的丰满度和实用价值；“方向性”、“力的方向与表情”决定作品的温度——亲和力和感染力。它们的关系如图 1-2 所示。

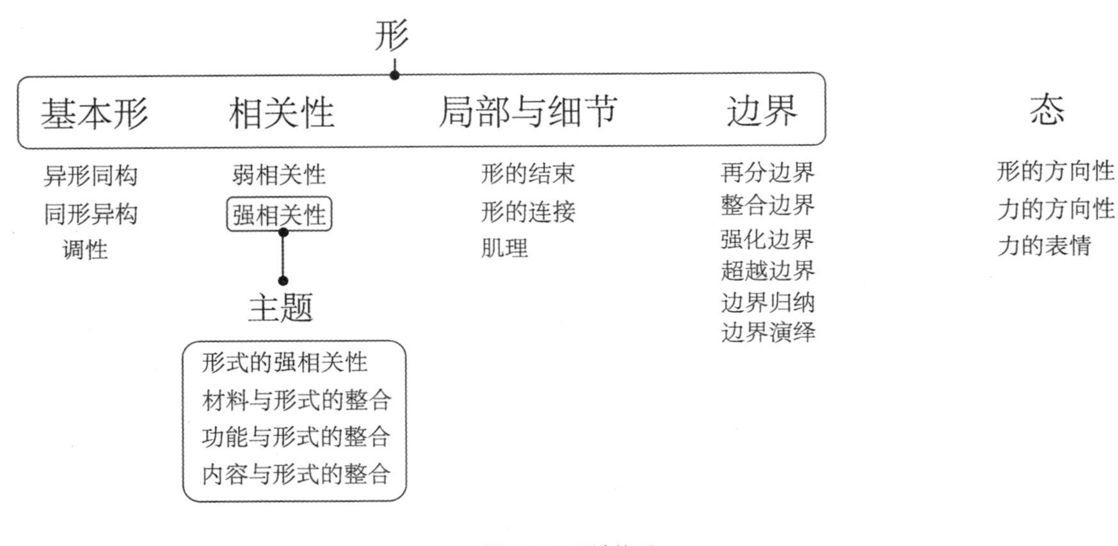


图 1-1 理论体系

## 1.3.2 原理与文法

本书的主要内容沿“原理”与“文法”两条主线展开。“原理”是对产品形态设计语言中的要素、现象进行分析提炼而形成的典型而又具有广泛应用意义的设计概念，如“相关性”、“虚实”等；“文法”是对产品形态设计语言的文本结构和章法进行归纳形成的设计概念，如“调性”、“主题”、“边界”等（图 1-3）。

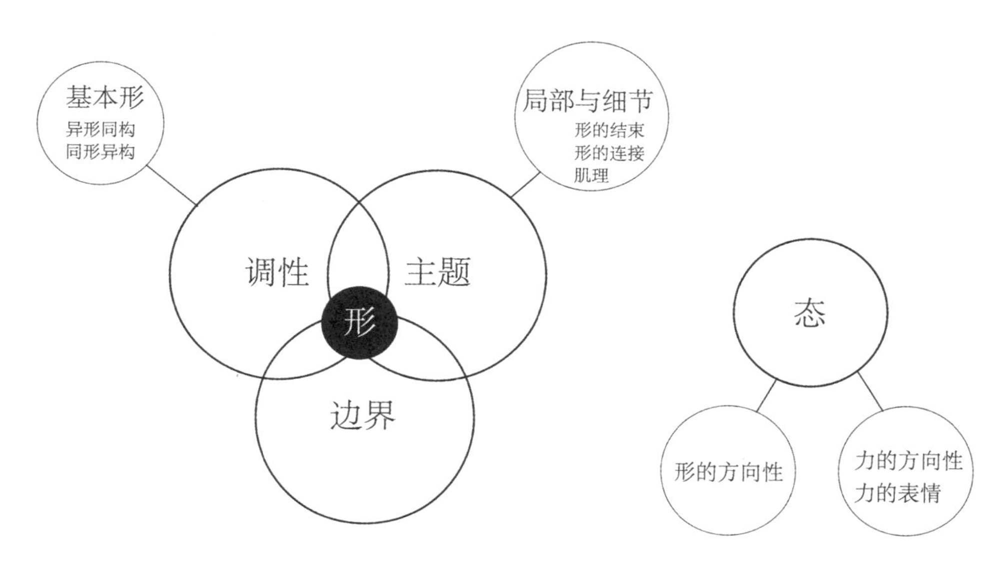


图 1-2 产品形态的文法结构

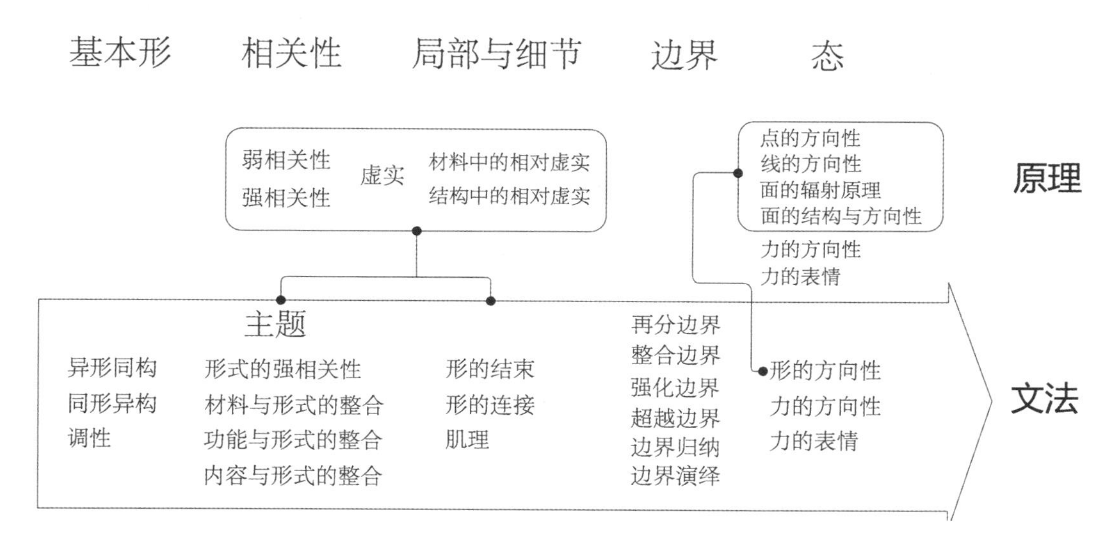


图 1-3 文法与原理

通过一系列“原理”、“文法”的概念构建起本书的话语体系。“原理”的概念将有助于提高学生对产品形态语言的解读能力——能够真正看懂设计语言而不是仅仅停留在感官层面。“文法”则着眼于如何构建一个完整的设计作品，回答关于作品的完成度、形式感、功能性等问题。文法是一种基本设计思维方法，有助于提高学生组织设计语言的能力，提高设计的规范性和效率。



### 1.3.3 问题导向

本书的理论体系中每个知识点都体现了形式与功能、原理与应用的结合，在文法上强调知识的针对性和具体运用场景，使得每个知识点都有明确的应用指向，将形式语言真正转化为解决问题的工具。

在理论和课题的逻辑体系上体现了以创作应用为核心的理念，按照一个完整设计作品应该具备的要素、结构、特征来展开，不抠字眼、不掉书袋，具有较高的可操作性，能够提高学生对设计语言的掌控能力，建构起基本的设计章法，从而摆脱单纯依赖灵感和感性认识的状态。

对于实际问题来说，原理是工具，文法是技巧，这二者的结合将使形态设计成为解决具体问题的手段，而不再局限于单纯的造型设计。

### 1.3.4 网状知识结构与多路径思维模式

基于设计课题中给出的知识点，通过强调每个知识点与其他知识点或理论模块之间的联系，可以形成网状结构的知识体系。这个网络在选择不同的知识模块后会发生对应的变化，以适用于不同的教学目标。

在设计实践中，学生在分析具体的设计课题后，找到需要解决的主要问题，然后从知识网络中选择与这个问题对应的知识模块作为设计的起点，先在该知识点的范围内给出问题的解决方案，然后从与此知识点相关联的其他知识点中寻找继续完善设计方案的思路。在这个过程中，设计的路径自然向前延伸，同时有几个必经的知识点：“相关性与主题”决定设计作品在文本上的完整性，“细节”决定设计作品的完成度，“调性”决定设计作品的形象定位。

把形态设计的要素、方法、知识比作一片森林，本书中的知识点就像一个个路标，每次设计实践我们都从不同的起点出发，走出不同的路径，最终穿过这片森林。形象地说：一片森林、多个路标、无数条路径。

## 1.4 如何使用本书

### 1.4.1 教师使用建议

全书理论教学容量为 24 课时，每课时配套实践课时 2~4 课时，可根据不同培养方案选择模块组合方案，形成 32 课时（理论 8，实践 24）、48 课时（理论 12，实践 32）、56 课时（理论 16，实践

40）等不同教学方案。

根据不同专业特色和就业方向，考虑到课堂教学容量，推荐以下模块组合方案可供参考：

电子产品设计："基本形"+"相关性与主题"+"细节"+"边界"

家具设计："基本形"+"相关性与主题"+"细节"+"边界"+"力的方向"

家居用品设计："基本形"+"相关性与主题"+"细节"+"方向性"

工业装备设计："基本形"+"相关性与主题"+"边界"+"方向性"

交通工具设计："相关性与主题"+"边界"+"方向性"+"力的方向与表情"

### 1.4.2 学生使用建议

全书分五个设计项目，每个项目下有数个设计课题，每个课题针对一个或多个知识点展开。每个课题有对这个课题内容的描述、学习目的、设计要求、设计案例、知识点、与其他知识点的联系、思考等要点，要点的顺序、取舍根据每个设计课题的特点、难易程度等有所变化。

学生可先结合案例和课题描述了解本课题的大概内容，然后仔细阅读知识点和教学示例，理解概念的内涵和应用方法，然后按照设计要求进行设计实践，在与教师讨论设计方案的过程中加深对知识点的理解，然后思考与其他知识点的联系，逐步建立设计思维的网络结构。

资源导航中的学生课堂作业、优秀学生概念设计作品、实际设计项目、网络资源可以作为设计课题的参考资料。

# 02

# 第 2 章　设计课题

# 第 2 章　设计课题

## 2.1　基本形

### 2.1.1　导论

我们身边绝大部分的人造物都是由简单的几何形构成的。

这些几何形最基本的是角、方、圆三类，也就是三角形、方形、圆形。这三类形状可以通过多种组合方式形成其他形态，来满足不同的设计要求。我们称这三种基本的几何形为基本形。

**1. 基本形的特点**

这三种基本形各自有其鲜明的特点，如图 2-1 所示，在针对具体设计问题时，可以运用基本形的这些特点来与设计需求相对应。当然，在不同的具体情形下这些特点都是相对的，需要综合考虑来决定采用哪种基本形或者如何运用基本形来变化、组合得到其他形式。

仅通过以下图示（图 2-2）来说明基本形的简单运用：图示为薄竹边几的设计，体现三角形和圆形的综合运用，利用了三角形在空间、组合上的灵活性，让边几可以灵活地与不同的家具和使用环境相契合；圆形在边角处的运用使得造型更柔和，提高使用的方便性，圆形的底座更轻便、稳固。

**2. 基本形的关系**

三种基本形在几何形式上个性鲜明，但共性却不明显，这一点就像色彩中的三原色，分别代表了一种基本形式要素，在它们之间有无数种处于中间状态、兼有两种基本形特征的其他形状，这也构成一个类似色环的基本形图谱。如图 2-3 所示，三角形可以逐步膨胀、边数增多逐渐转化为方形、多边形，直至圆形（无穷多边形）；圆形逐渐收缩变方，继续收缩变为三角形。

| 三角形 | 方形 | 圆形 |
| --- | --- | --- |
| 结构稳定性强，刚度大，空间组合灵活 | 轮廓规则，便于加工、组合、堆放 | 容积大，便于加工，刚度大，旋转灵活 |
| 轻便<br>硬朗，锐利，灵巧 | 空间利用率高<br>理性、硬朗、简洁 | 运动部件<br>柔和，圆润饱满，有亲和力 |

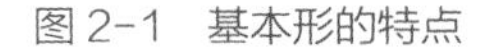

图 2-1　基本形的特点

图 2-2　薄竹边几（设计者：傅桂涛）

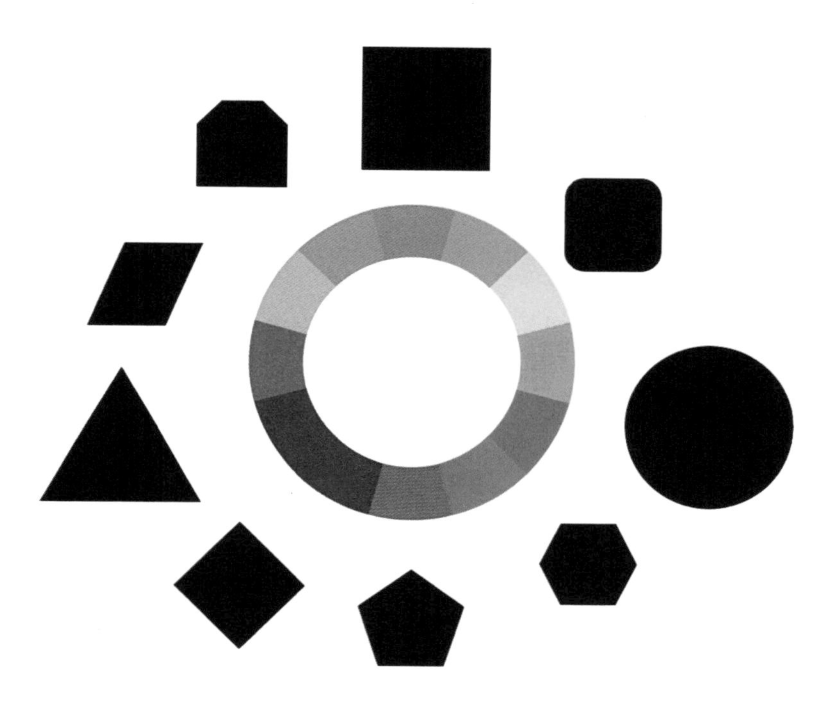

图 2-3 基本形的连续图谱关系

通过这一环状基本形图谱可以得出基本形之间的关系是一种连续谱系的关系，两个形状之间的距离越远差别越大、越近差别越小；互相成 120° 夹角的方、三角、圆三种基本形之间的对比最强；两个基本形之间的其他形状同时具有这两个基本形的特点。

以上这些说明基本形和色彩两大体系具有相似的内在关系，那么，在设计运用中基本形也具有和色彩构成类似的原理和文法。

基于此，在接下来的训练项目中，我们要讨论的内容主要有以下几部分：

（1）异形同构

异形同构主要讨论不同基本形如何组合成为一个整体的结构或是形成一个新的形，如此可以利用不同基本形的特点来解决具体的设计问题，也可以得到更富变化的形态和结构，开拓形式设计的空间。

（2）同形异构

同形异构是在相同的基本形中探讨其不同的结构形式，拓展单一基本形的结构变化的可能性，这同样可以用于解决具体的设计问题，也可以在尽量维持形状不变的前提下得到尽可能多的新颖的结构形式，可以使解决方案更简洁高效。

（3）调性

对于工业产品来说，其造型的审美意义往往不是新奇的形状，而是整体的调性，这就像平面设计和色彩设计作品一样，基调是整个作品的骨架。当我们运用异形同构和同形异构的手段来组织造型要素、解决具体设计问题的时候，还要将其放在基调的框架下去作全局性的调整和构建，力求将作品的调性定位在一个清晰有力的位置上。

图 2-4　边几

## 2.1.2　课题 1　异形同构

### 1. 课题描述

针对某一类产品，如计时装置、家具、空气净化器等，用不同的基本形进行组合，突出不同基本形的对比和结合以形成巧妙的结构，进而解决具体的空间、结构、工艺等问题并形成鲜明的造型特点，包括基本形的简单组合、基本形的加减法结合、基本形在不同空间维度上的结合、轮廓与肌理图案的结合等。

本课题的训练目的是通过不同基本形的组合，提高对不同基本形特点的认识，提高运用基本构成原理进行产品造型设计的能力，在综合考虑形式、功能、材料、结构等设计维度的过程中理解设计文法的内在规律。

图 2-5　增强纤维椅子

### 2. 设计要求

（1）基本形单纯、鲜明。

（2）基本形运用的目的性明确（能结合基本形的特点和实际问题来使用和组合基本形）。

（3）结构的突破性（基本形组合后产生的新结构具有 1+1>2 的质变）。

### 3. 设计案例解读

如图 2-4 所示，此案例运用圆形和方形的简单组合，生成一个同样简洁的整体结构。上部的储物空间利用了圆柱内部空间大的特点，便于收纳一些形态不规则的物品，中部的方形框保证了腿部的结构强度，也方便了腿部和圆柱体的连接。在整体形态上自上而下，逐级收缩，从体到面再到线，具有强烈的秩序感。

如图 2-5 所示，此案例是一件增强纤维复合材料的椅子设计，结构纤细轻盈，主要的问题在于坐面和椅腿连接处这一主要承力结构的设计，既要保证纤维铺设的连续性，又要考虑剪切力和弯矩的传递。设计者运用简单的几何形——三角形与方形框的结合达到了以上要求，实现了力与美的统一，很好地传达了纤维增强材料的力学和美学特点，赋予传统家具结构新的生命力。

如图 2-6 所示，产品造型巧妙地将方与圆、三角等基本形在不同角度上、用不同的加减法手段和正负形关系体现出来，结合得非常自然简洁，令产品简单纯净又十分耐人寻味。

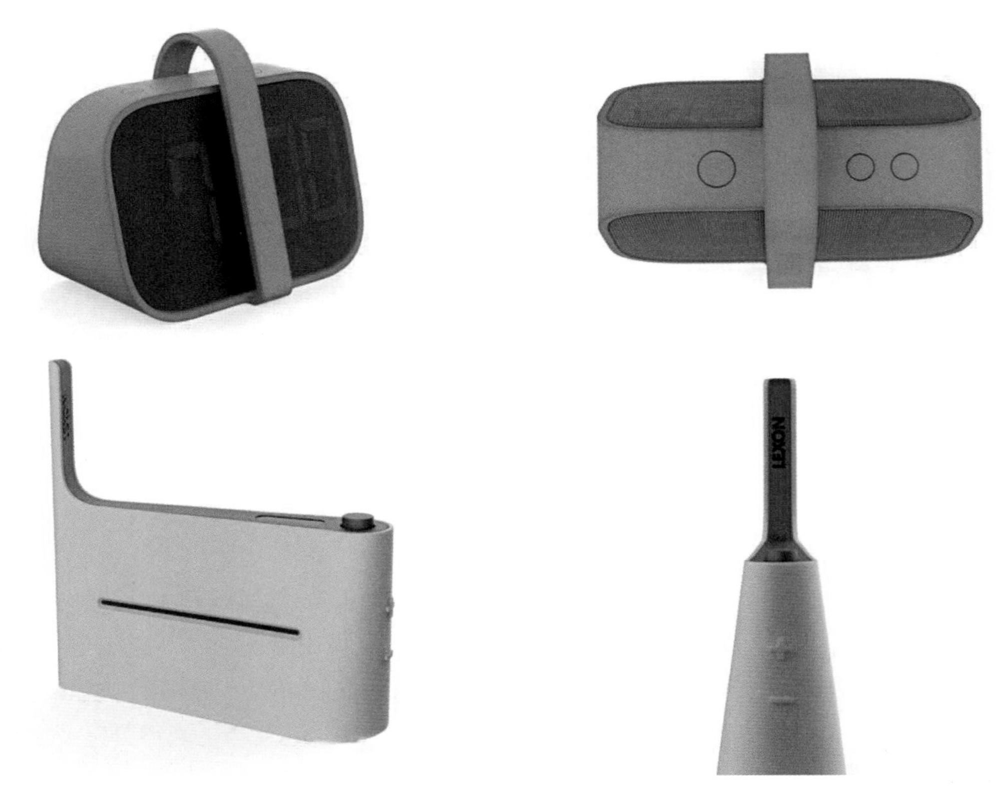

图 2-6　消费电子产品

## 4．知识点：异形同构

不同的基本形可以通过组合形成统一的结构，这个结构具有单一基本形所不具备的某种特性，或者是力学上的，或者是功能上的，或者是符号上的等，这个新的结构是一个全新的个体，它的优良属性不是基本形简单地相加得到的，而是通过巧妙组合产生的某种质变，就像化学反应，让简单的基本形升华到作品的高度。

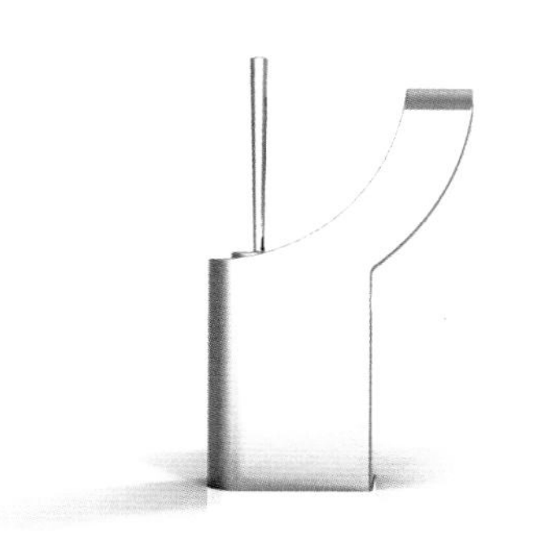

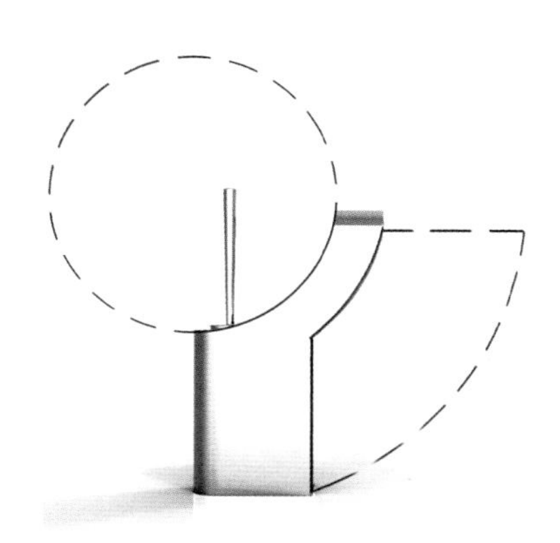

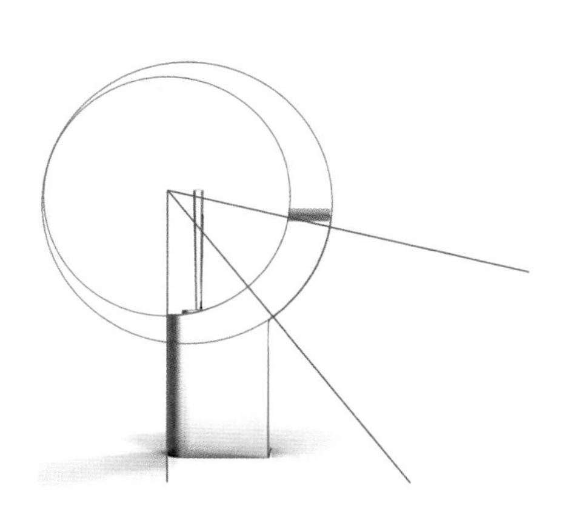

图 2-7 水龙头（设计者：傅桂涛）

### 5. 理念与设计思路

一般流程：分析设计问题，结合不同基本形的特点进行组合；处理基本形结合处的细节，发现并强调基本形结合后产生的新结构。

要点一：可以结合生活场景，获得不同基本形结合的灵感，将情节化的形式进一步抽象，得到简单的基本形结构。

要点二：基本形的异形同构要突出加法和减法的结合与对比，做到虚实结合，即不同的基本形在虚实关系上要形成对比，这样才没有堆砌之感，并更容易形成新颖的结构。

要点三：基本形的异形同构要突出不同基本形之间的有序结合及组合的“结构性”，如利用异形之间的共性要素（点、线、面、体）进行结合、注意几何关系明确（中心、对称、相切等）、层次分明等。

### 6. 与其他知识点的联系

同形异构、调性、虚实、形的方向性

### 7. 教学示例

如图 2-7 所示，水龙头的造型设计示例体现了不同基本形之间加减法的组合及其有序性。方与圆分别是正、负的对比关系，避免了简单叠加的单调感；不同基本形之间有各种有序的结合关系，有同心、相切、等高等明确的几何关系，让造型严整鲜明。

如图 2-8 所示，啤酒樽的设计将方与圆两种基本形要素结合起来，圆形为三维柱体，方形为二维片状，形成虚实对比的形式感；同时利用二者的穿插关系使得方形薄片作为柱体的分模线，便于成型和组装，方片结构也作为主体和底座、盖子等附件的连接基础，造型简洁、方圆对比鲜明。

图 2-8 啤酒樽（设计者：傅桂涛、李由）

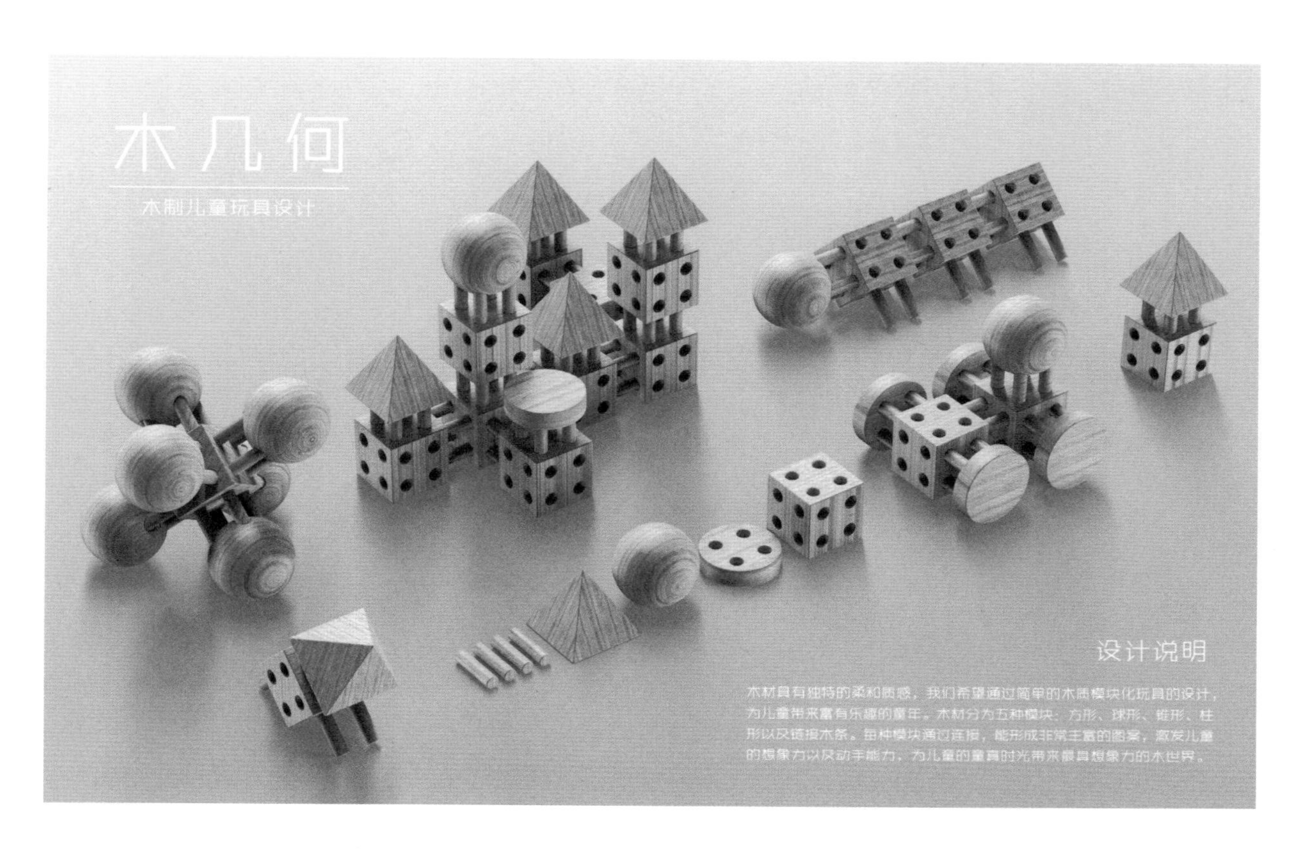


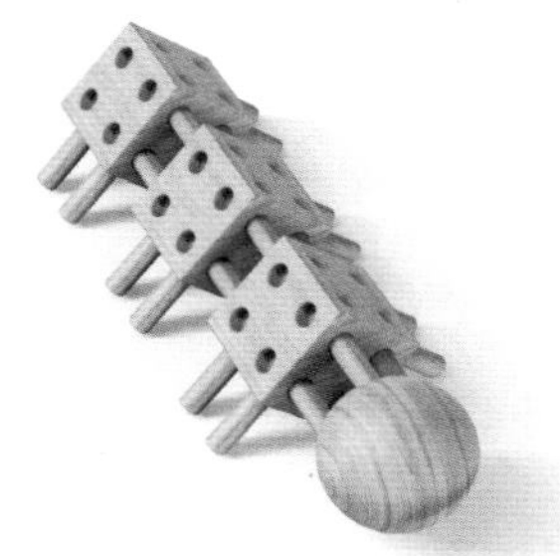

图 2-9 木制玩具（设计者：朱倩雯、李正演）

如图 2-9 所示，此案例为木质儿童玩具设计，用最基本的形状单体，通过不同的结合形成全新的结构和形态，来抽象地模拟各种事物的形象，集认知能力培养、动手能力锻炼和趣味性于一体。

### 2.1.3 课题2 同形异构

#### 1. 课题描述

针对某一类产品，如计时装置、家具、空气净化器等，用不同结构形式的同一基本形进行组合，进而解决具体的空间、结构、工艺等问题并形成鲜明的造型特点。设计思路包括相同基本形的简单组合、同一基本形的虚实形结合、同一基本形在不同空间维度上的结合、轮廓与肌理图案的结合等。

本课题的训练目的是通过相同形状、不同结构的基本形之间的组合，加深对形式语言和实际结构的理解，能够将创意设计的注意力从形状变化的层面聚焦到简洁形状内在的丰富多变、具有实际价值的形式和结构层面，在综合考虑形式、功能、材料、结构等设计维度的过程中理解设计文法的内在规律。

#### 2. 设计要求

（1）基本形单纯、鲜明。

（2）基本形运用的目的性明确（能结合基本形的特点和实际问题来选用基本形）。

（3）同一基本形结构形式的多变性及合理性（能够突破形状的限制演变出相同形状下无穷的结构可能性，并与所要解决的问题相对应）。

### 3. 设计案例解读

如图 2-10 所示，案例的主体结构都是由同一基本形的不同结构形式组合而成的，或是正负形的对比与契合，或是线、面、体的虚实互补，相同的基本形保证了形态的简洁纯净，而不同的结构形式则互为佐使，形成一个完整独立的功能体。



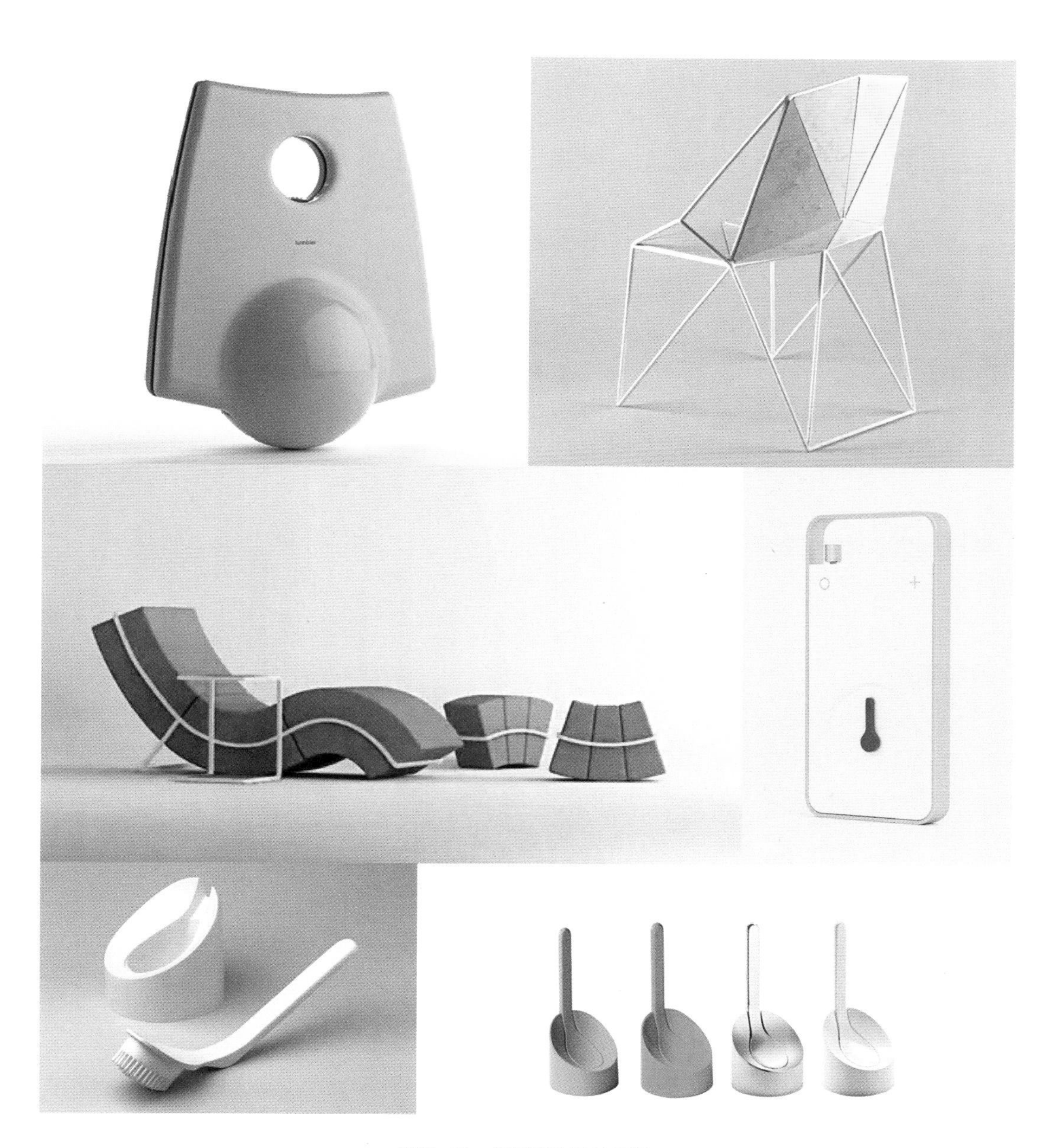

图 2-10　同形异构设计案例

### 4. 知识点：同形异构

同一基本形以多变的形式结合在一起形成统一的结构。这个结构体现了基本形在形状上的高度统一和结构形式上的反差对比，将同一基本形在不同诉求上的结构变化体现得淋漓尽致，例如材料的变化、虚实的变化、空间维度的变化等，在保持简洁形式的前提下，把力学的、工艺的、功能的、人机的诸多要素统一在某个相同的基本形的框架下，从而达到“简洁而不简单”的设计高度。

### 5. 理念与设计思路

一般流程：分析设计问题，选择某一基本形为基调；分析产品每个局部所要解决的主要问题，并将基本形进行必要的结构和形式变化以与所要解决的问题相对应；最后将这些不同的部分整合为一个整体结构。

要点一：所谓的结构形式的变化，总体来讲就是寻找同一基本形的虚实变化。在产品形态中的不同部位，要体现不同的虚实关系，只有虚实相对的变化才能既解决相同基本形的视觉单调问题又同时解决材料、力学、功能、人机等各种实际问题。

要点二：要拓展对“虚实”概念的理解。中空的框架是虚的，实体是实的；光滑坚硬的是实的，粗糙柔软的是虚的；亚光材质是实的，反光镜面是虚的；固定结实的是实的，有自由度的、能运动的部分是虚的；外凸是实的，内凹是虚的等。

### 6. 与其他知识点的联系

强相关性（主题）、调性、虚实、边界、形的方向性

### 7. 教学示例

如图 2-11~ 图 2-13 所示，设计方案都运用了“同形异构”的文法，用相同形状的基本形借助不同的结构形式结合在一起，保持了外观的简洁，相同的基本形互相呼应又体现了结构形式的变化，不同的结构对应了具体的功能需要，达到了形式和内容的统一。

图 2-11　竹炭滤芯空气净化器（设计者：傅桂涛、李长虞）

图 2-12　系列灯具（设计者：徐丹婷 / 指导：傅桂涛）

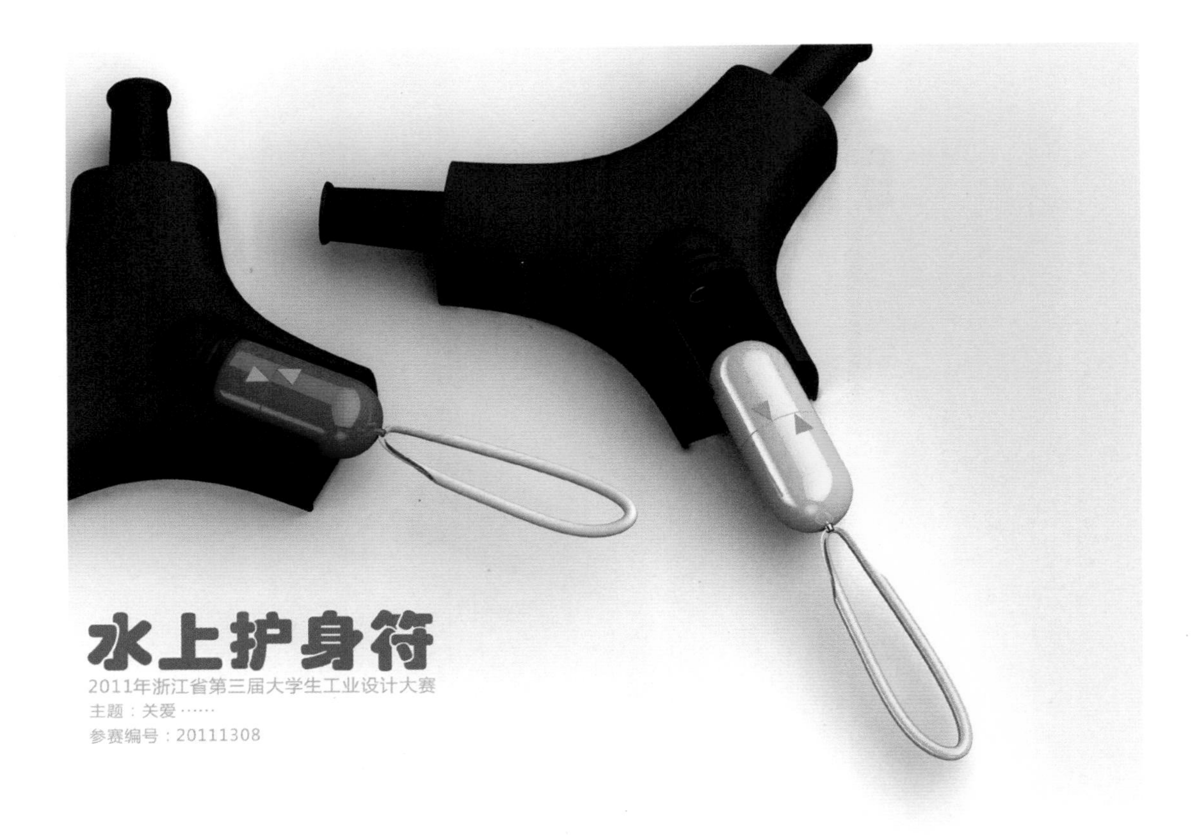

水上护身符
2011年浙江省第三届大学生工业设计大赛
主题：关爱……
参赛编号：20111308


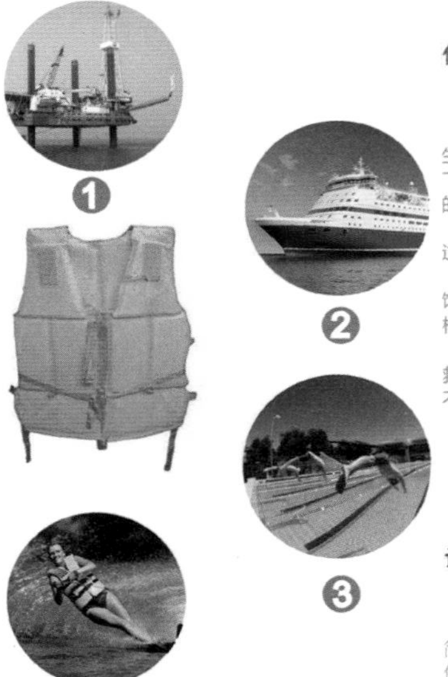

**传统救生衣的缺点:**

1. 在海上钻井平台上(图❶),传统的救生衣略显笨重，尤其在天气寒冷的条件下，工作人员的外套过厚，再加上外层的救生衣，行动极为不便。
2. 在游轮上(图❷),传统的救生衣体积过大,占用空间太多。
3. 在游泳馆中（图❸）,现在的游泳馆中是采用救生员对突然溺水者施救,这样的方式并不能面面俱到。
4. 在海上冲浪时（图❹），现有的救生衣过于厚重，会让冲浪者行动变得不自然，完全失去自由放松的运动体验。

与传统的救生衣相比，此设计集简单、大方、操作简单、方便携带等优点于一身。

图 2-13　救生衣充气装置（设计者：张军伟 / 指导：傅桂涛）

### 8. 优秀学生作品

如图 2-14、图 2-15 所示，移动终端和智能马桶的设计都用了方形的基本形进行结构形式的变化，例一底座部分的机箱和长方形框架之间形成虚实结合的主体结构，框架和屏幕之间是类似的关系，为了避免圆形基本形的干扰，将轮子隐藏在底座内，整体形式感非常纯净，虚实对比的“异构”感又赋予造型独特的视觉张力，同时又与功能要求达到了统一。例二在马桶盖、水箱、控制面板之间形成“同形异构”的主体结构，像建筑一样果断、挺拔又大气。

图 2-14　移动终端（设计者：李正演）

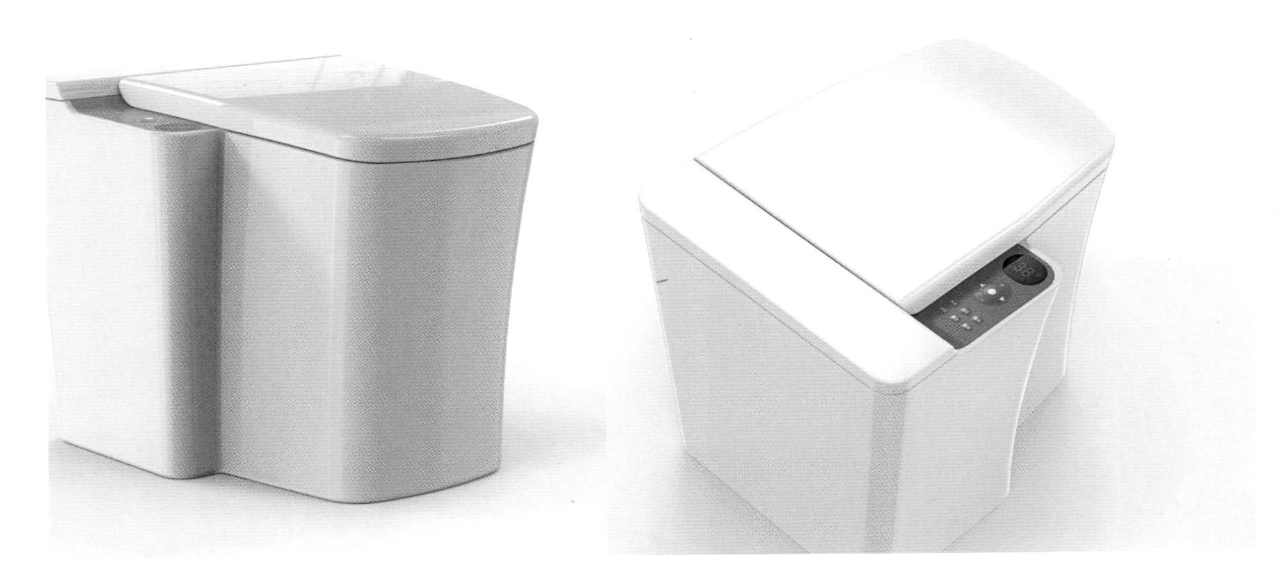

图 2-15 智能马桶（设计者：李正演）

## 思考：路面结构中的同形异构现象

路面其实是一个相同基本形的网格系统，仔细观察道路的路基、路面、边护、排水系统、管线系统以及机动车道与人行道、盲道等结构细节，体会道路工程如何在同一路面形式中整合不同的功能结构（图 2-16）。

图 2-16 路面的同形异构现象

## 2.1.4 课题3 调性

### 1. 课题描述

针对某一类产品，如计时装置、家具、空气净化器等，设定特定的使用场景或者目标人群，用基本形的组合设计来体现不同的调性——单一调、对比调、调和调、软调、硬调，使得造型风格与产品的使用环境或者定位人群相吻合。设计过程中要注意对“异形同构”、“同形异构”等原理的运用。

本课题的训练目的是通过训练，树立产品造型的调性概念，并理解调性是产品造型文法的基本原则之一，是设计过程中需要特别关注的方面，提高对形态的全局性塑造和把握的能力，初步感受“设计感”的来源之一。

### 2. 设计要求

（1）基本形的调性关系鲜明。

（2）对基本形的调性运用得当，与产品的定位吻合。

（3）总体调性中对“异形同构”、“同形异构”等原理的运用新颖独到。

### 3. 知识点：调性

（1）单一调（图 2-17）

由单一的基本形构成产品的造型基调，体现某种基本形的造型特点。如以方形为单一调的造型，体现方形的规则感。在这一基调下，产品所有造型要素都是方形元素，或者与方形高度相似，而其他基本形要素或者被融合进方形中（如方形的倒角）或者在尺度上被弱化，而以点元素的形式出现（如与产品正常尺度差距悬殊的圆点）。

单一调使得产品造型简洁有力，形象鲜明，可以与产品的工艺性、结构特点、功能或者市场定位等达到高度吻合。单一调的产品造型与“同形异构”原理有着高度相关性，可以按照相关知识点进行设计。

（2）对比调（图 2-18）

由两种或以上的基本形组合而成的造型基调，形成鲜明的对比和层次感。在文法上，基本形通常保持完整以凸显各自的特点，形成强烈对比；整体造型有鲜明的主次关系，以某个基本形要素为主，通过大小、色彩、质感等强调手段使之成为造型的焦点，其他与之对比的要素则处于较弱的地位。

基本形之间的对比关系使得造型在二维图形层面更富跳跃性，因而富有活力；不同基本形之间的对比关系和主次关系使得造型更富层次感，细节也相对丰富，相对单一调更有物质感、存在感；三维层面的对比调使得产品造型体块立体感强，层次上极富纵深感，凸显产品的功能和力量。

（3）调和调（图 2-19）

两种以上的基本形通过互相抵消和平衡结合在一起，弱化各自的特点，强调统一的秩序而形成调和调。

在文法上，互相调和的基本形一般具有非完整性，即各取其部分进行组合，这样每种基本形的个性特点被削弱而趋向于一个统一的整体，即“打碎重组”；调和调通常有一个主调，参与组合的各种基本形最终形成的整体结构倾向于以某种基本形的特点为主，其他为辅，如方和圆的组合，可能以方为主，圆的要素以圆弧的形式被整合进方形的倒角或者某一条边；调和的手段多样化，除了“打碎重组”的手段，还可以有更多的途径实现不同基本形要素的调和，如通过色彩、质感、肌理甚至视错觉的手段实现不同基本形的调和。

调和调的产品造型与“异形同构”原理有着高度相关性，可以按照相关知识点进行设计。

（4）硬调与软调（图 2-20）

基调的硬与软取决于块面交界处的特征。一般来说，交界处越圆滑、边界范围（例如倒角的 R 值）越大越趋于软调；交界处同等曲率半径下，交界线越直越硬；外轮廓的圆滑程度更能决定整体形态的软硬基调。

要点一：软硬的感觉来自对比。把所有边缘都软化处理也许不如把其中一条关键的边软化处理来得更有效。

要点二：软硬的度往往有着“过犹不及”、“向着对立面转化”的特点，适度的软调有着柔和流畅的活力感，而过度的软化则容易变得臃肿拖沓；适度的硬调爽朗鲜明，过度则生硬笨重。

图 2-17 单一调

图 2-18 对比调

图 2-19 调和调

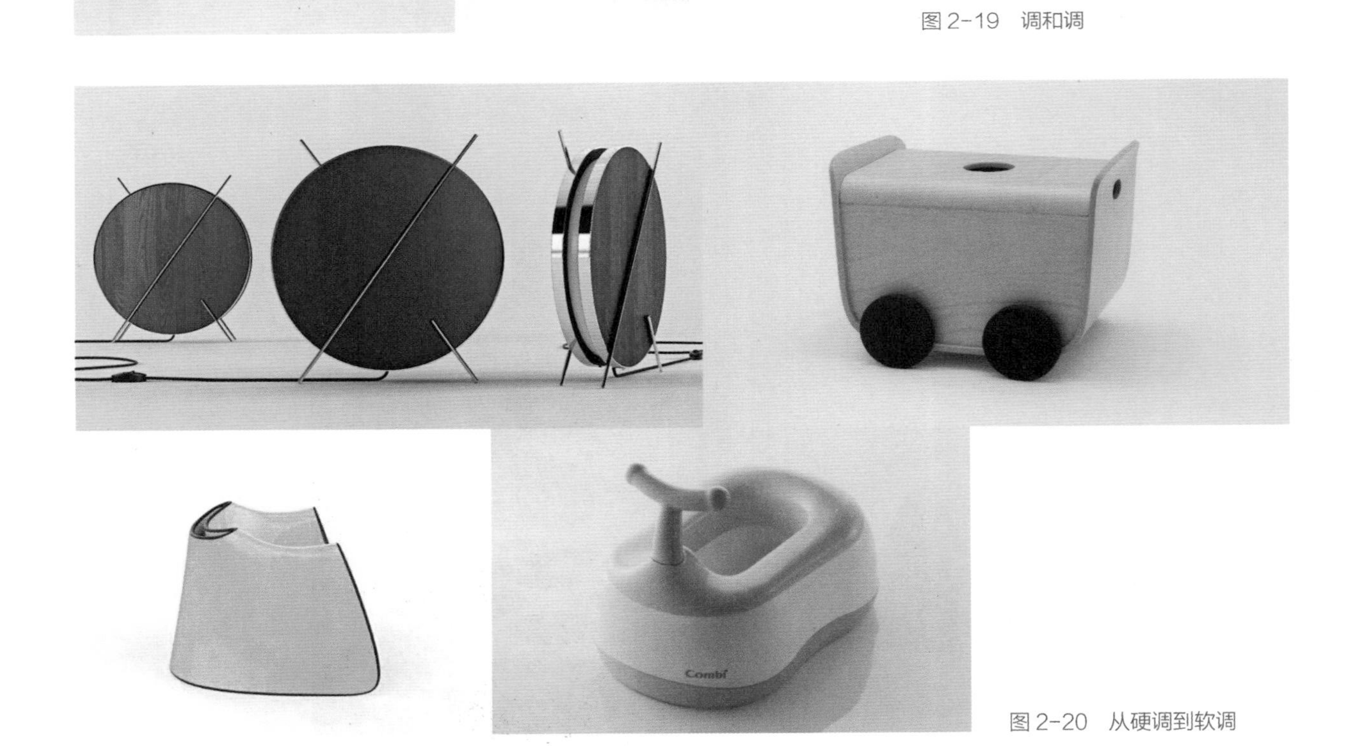


图 2-20 从硬调到软调

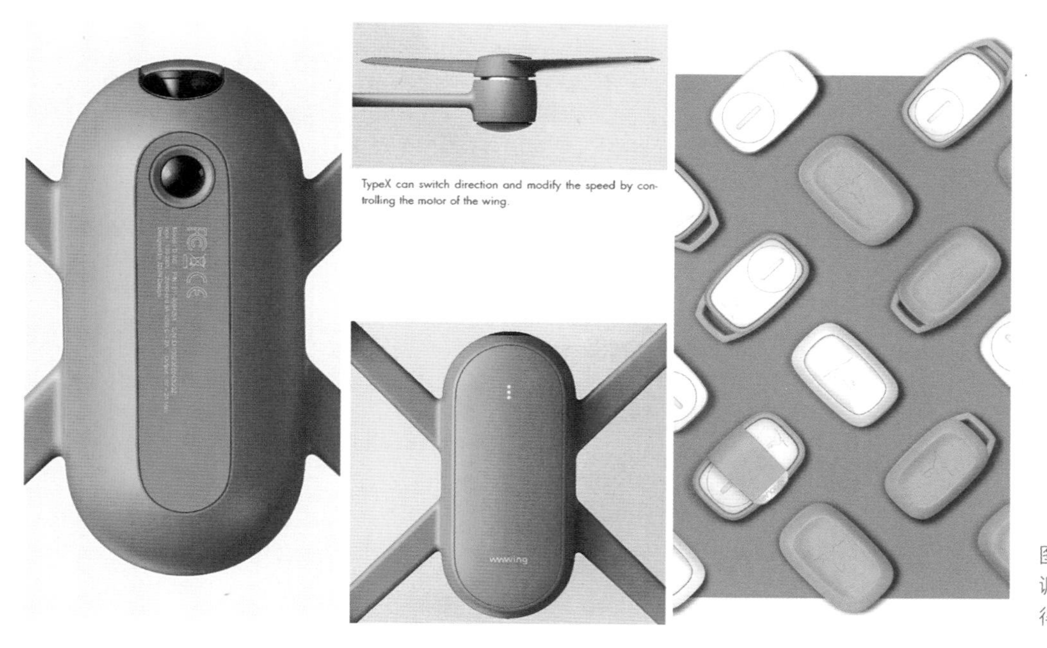

TypeX can switch direction and modify the speed by controlling the motor of the wing.
wwwing

图 2-21　基本形的调和与软硬的调和使得整体基调非常清新



### 4．理念与设计思路

一般流程：分析设计问题，确定产品的设计定位，并明确基本形基调、软硬基调；针对基本形调性，选择与产品定位、材料、工艺、功能等要素吻合的基本形，如果单一基本形不满足上述要求，则用异形同构原理结合不同基本形组合成新的形式和结构；针对软硬调性，分析产品每个局部所要解决的实际问题，以此确定每个局部的边缘处理；最后统一处理产品不同部位的边缘，通过软边和硬边的数量对比和软硬程度对比来控制整体软硬基调。

如图 2-21 所示，为消费电子产品的设计，利用基本形（方、圆）的调和基调来形成明块、细腻的整体轮廓和要素形状，结合表面转折处的软硬调调和，使得转折线两侧形成均匀柔和又凸凹有致的节奏，两种调和基调的运用形成产品整体上清新优雅的形式感。

### 5．与其他知识点的联系

异形同构、同形异构、边界、力的方向性与表情

### 6．教学示例

如图 2-22、图 2-23 所示，指纹仪设计方案运用软硬调的调和来达到既体现电子产品简洁明快的科技感（硬调），又保证人机交互的亲和力和与手指接触的柔和感（软调）的设计目标。空气开关的设计则是运用基本形的调和在明快活泼和规则有序之间达到平衡。

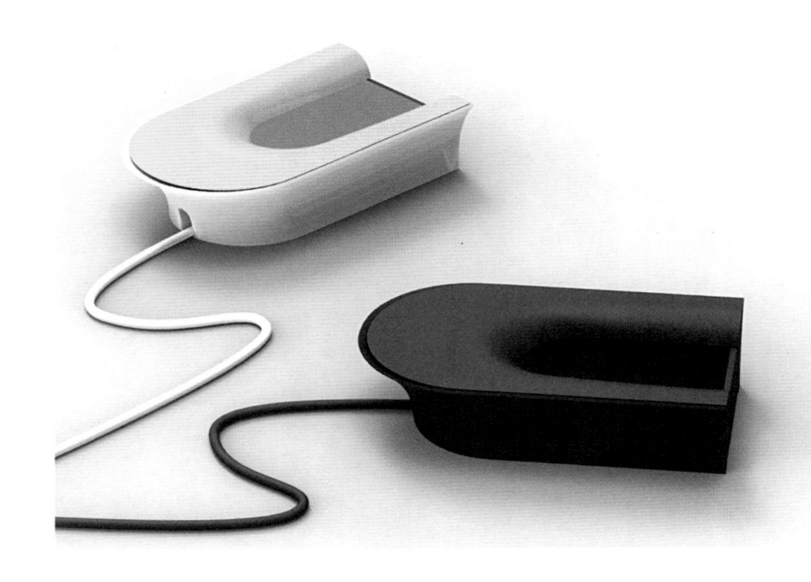

图 2-22　指纹仪
（设计者：傅桂涛）

图 2-23　空气开关（设计者：傅桂涛、陈姝颖）

### 思考：智能手机的调性

智能手机在造型上由于功能和结构的要求，都采用相同的基本形——长方形，但是不同品牌、不同机型的造型设计可以通过调性的差异来形成不同的形式感，试运用单一调、对比调、调和调、软调、硬调的视角来分析智能手机品牌间的调性差异及共性，指出其调性的共性所体现的时代、技术原因以及其调性差异所体现的品牌理念和市场定位差异。

## 2.2 相关性与主题

### 2.2.1 导论

构成理论中所有的形式法则其实质上都是在叙述一个作品内部各部分的关系——相关性。

从我们熟悉的形式构成法则——重复、渐变、节奏与韵律、对称与均衡、统一与变化到实体与空间，再到色彩关系，这些都从不同角度揭示了客观事物在形式上的相关性。

及至产品形态的“异形同构”、“同形异构”原理，也是在特定的角度谈要素的关系——如果把造型看作语言，那么构成理论所谈的关系是基于点、线、面这些基本的“要素层面”，而“异形同构”和“同形异构”则是在“段落层面”更宏观、更结构化地谈要素（基本形）的相关性。

进而，当我们从一个造型设计的整体角度来看，超越点线面的“要素层面”，也超越基本形的“段落层面”，从“文本”的角度来看，一个设计作品的整体关系该如何描述呢?

如果我们梳理一下的话，所有与形式有关的法则无非是从两个方面来体现不同要素之间的关系——相似、相对。

从关系的强弱程度来看，“相似”的关系和“相对”的关系是不分伯仲的。但若是两个要素之间既有相似性，又体现相对性，那它们之间的关系无疑就更紧密、更强烈。

例如在平面构成的形式法则中，“对立与统一”这一法则如果单单追求“对立”或“统一”那就体现了一种简单的形式关系；如果作品的不同部分分别体现“对立”和“统一”，作品各部分之间的关系就更紧密；而如果能够在同一个关系中既对立同时又统一，那无疑体现了比“重复与渐变”、“节奏与韵律”等只是体现相似性、统一性的法则更强烈的相关性（图 2-24）。

我们把只体现相似性（或相对性）、差异性的关系称为“弱相关”，把相似的同时又具有相对性的关系称为“强相关”。

在产品造型中，不同部分之间的关系也是如此。有些部分之间是“弱相关”的，如重复、呼应、对称、对齐、分割，而有些部分的关系却在以上这些相似性的关系上又多了一层相对、相反、对比的关系，形成“强相关”。这种相关性也不仅仅是纯形式的，材料、功能、力学结构、感知等任何与产品有关的要素都可以在“相似”与“相对”的框架下构建或弱或强的相关性。

一个完整的产品造型，其内部的逻辑关系是围绕某个占主要地位的强相关性展开的，辅之以弱相关性的设计语言，形成一个层级秩序鲜明的整体。“强相关性”是骨架，使得产品造型文本有内在的凝聚力、有自成一体的封闭性；“弱相关性”是血肉，使得产品造型文本有秩序性、有规则感。两者结合形成产品造型文本的形式感、设计感（图 2-25）。

在文法上，这个构成产品造型骨架的“强相关性”结构被称为一个造型的“主题”。

要素关系

参差、比例与尺度、黄金分割律、主从与重点、节奏与韵律、渗透与层次、多样与统一

重复、对称与平衡、过渡与照应

对立与统一

对立又统一

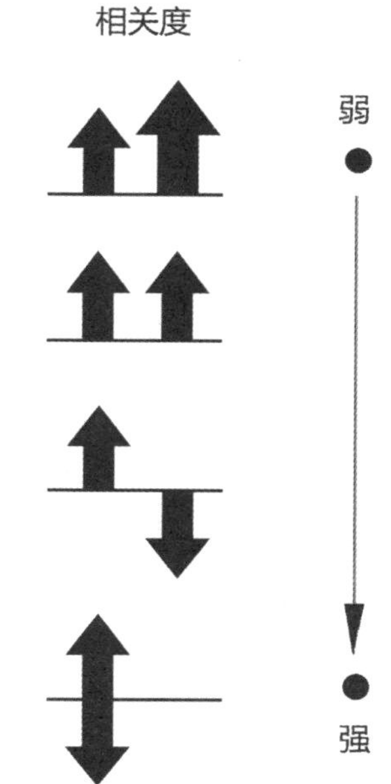


图 2-24　各种形式法则的相关度

图 2-25　产品形态文本文法结构

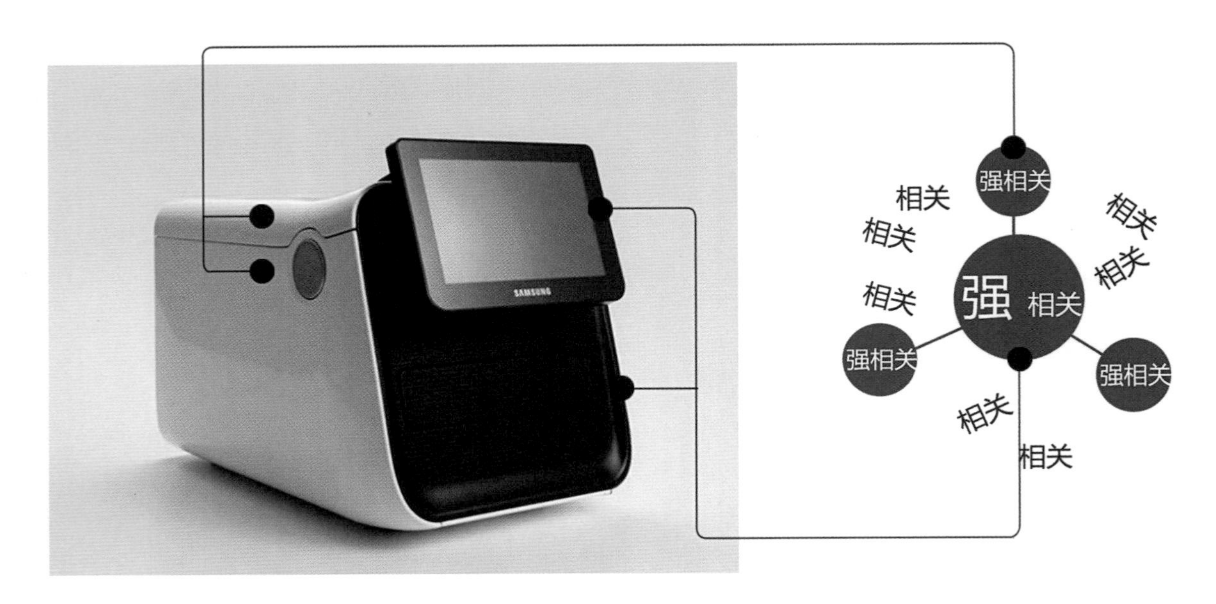


图 2-26 产品形态文本文法结构例图

如图 2-26 所示，此造型文本中最主要的相关性体现在机箱前端的方形凹陷与显示屏的关系上，二者基本形相同，但在空间关系上是虚实相反的，这是构成此产品造型的最大结构特征，与其他计算机的形式结构形成差异；在这个强相关的结构内部，机箱端面和其上的抽屉状口盖只有形状类似的弱相关性；再看机箱本体，整体被分割为上下两部分，这两部分之间有转轴相连，这个连接部分刻意形成了凸凹契合相嵌的结构，凸凹相似又相反，形成一个局部的强相关结构，但总体上看，这部分的关系要比显示屏和机箱前端的强相关关系弱。如此，这个产品造型文本的骨架脉络就清晰可见了。

“强相关”在很多情况下都体现为之前所讲的“同形异构”，但其内涵远远不仅限于这一种“形状相似、结构不同”的情形，也就是说，之前讲的“同形异构”只强调形式上的强相关关系。而将形式与其他内容结合起来，诸如“形状相似、材质不同”、“形状相似、工艺不同”、“形状相似、受力不同”、“形状相反，材质相同”等都是强相关性的体现，都是值得我们去关注和表达的。

因此，“强相关性”不单纯是造型上的考虑，造型往往只是“相似”或者“相对”这两种关系中的一个方面，而另一方面往往是材料、工艺、功能、人机、文化等因素。这个“相似又相对”的关系把造型的形式要素和其他多元的要素有机地统一在了一起，是产品造型设计的最核心的文法。

## 思考："简洁而不简单"的设计感

如何做到"简洁而不简单"？做到简洁是相对容易的，只要做到尽量少的要素、尽量强调共性的秩序感、尽量清晰的几何关系就可以做到简洁。

但在简洁的同时如何做到不简单？这个"不简单"显然不是数量的多、结构的复杂，而是——不平淡，也就是简洁而有力。

当简洁的形式中有了"强相关性"的结构，也就做到了简洁的同时又不简单。因为强烈的相关性构造了造型文本的戏剧冲突，使得形式中有张力而不平淡。

有了"强相关性"的骨架，我们就可以大胆抛弃其他次要的要素，保持整体造型的简洁，就像一棵大树，即使只有主干没有旁枝也是完整的，而反之如果没有"强相关性"这个主干，细枝末节再多也不成其为一棵树。如图 2-27 所示，案例只保留产品文本中的强相关结构，在尽量减少设计要素的情况下仍可保持作品的完整性和独特性，图中的空气净化器设计简洁到极致，依靠上下部分相似又相对的形式感及与功能的紧密结合而形成有力的主干结构。

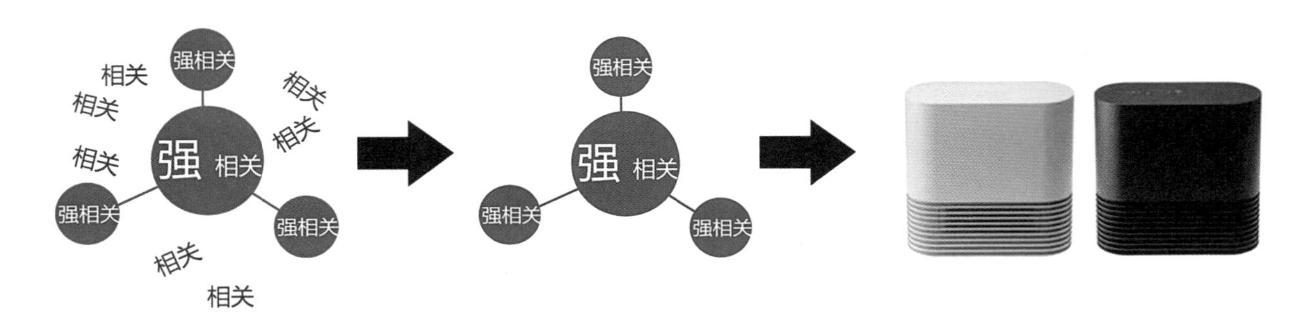


图 2-27 简洁而不简单理论模型与案例

本项目的训练目的是树立产品造型文本的主题概念，并理解构成主题的强相关性是产品造型的基本文法之二，是设计过程中需要特别关注的，提高对形态的全局性塑造和把握的能力，初步感受"设计感"的来源之二。

## 2.2.2 课题 1 形式的强相关



### 1. 课题描述

针对某一类产品，如计时装置、家具、空气净化器等，在其主体结构上运用强相关性进行设计，来形成独特新颖的造型特点，并与产品的功能有所关联。

### 2. 设计要求

（1）主题突出，结构新颖。

（2）形式与功能有机结合，没有额外的装饰或者机械的拼凑。

（3）思维的发散性——能用创新的关系来表现“相似又相对”的强相关性。

### 3. 设计案例解读

如图 2-28 所示，案例体现了形式上的强相关结构形成产品形态的核心框架和独特形式感。这些不同产品的设计都利用相似形状的不同结构形式来形成既相似又相对的关联性（例一的灯罩金属框架与木质底座的切割形式；例二的线框灯座与圆锥灯罩；例三的相似的切割面与不同的虚实结构），使得整个形态具有了紧密的凝聚力、排他的封闭独立性和自洽的完整性。

这些强相关结构也体现了产品功能和形式的有机统一，使产品形态具备了文本意义上的结构。

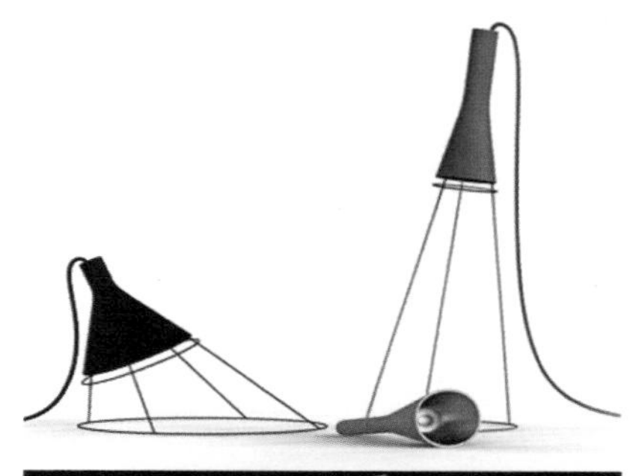

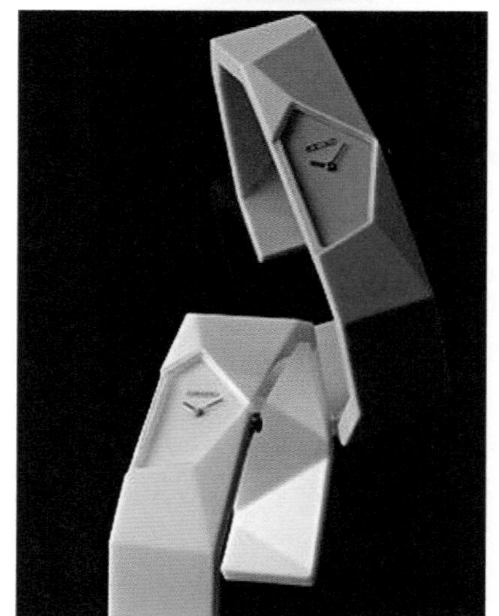

图 2-28 形式的强相关设计案例

### 4. 学生作品

如图 2-29 所示的学生作品，通过不同材质的运用，结合线条、体块、板材等不同的结构形式来表达统一的基本形，从而形成产品各部分之间“相似又相对”的强相关性，使得产品形态具有鲜明的特征。

设计说明：利用同形异构的手法将立方体的虚实、线面、凹凸、光滑粗糙等对比的不同形体组合在一起形成这款简约但又有趣的闹钟。立方体的造型使它可以随意放在任何一个角落，可以很好地融入周围环境。

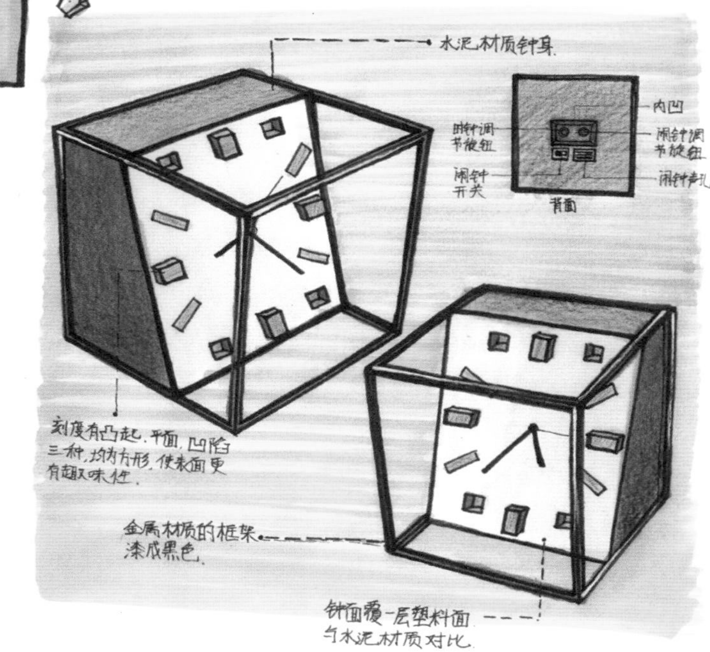


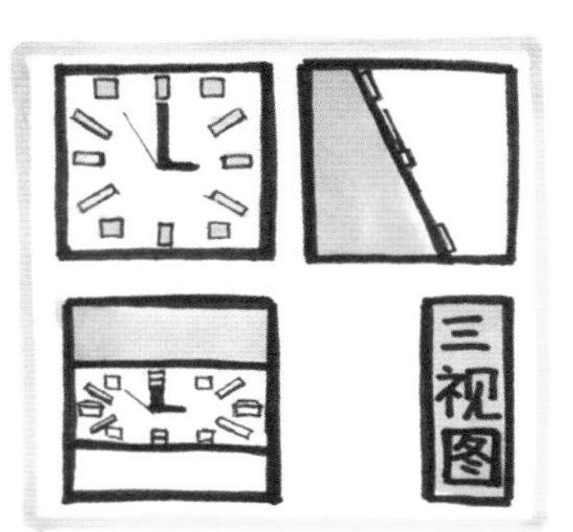

设计说明：该时钟有两层，表层覆上塑料面，挖有数字孔，时间变化时，下层的木纹块会凸出于表面以显示时间。

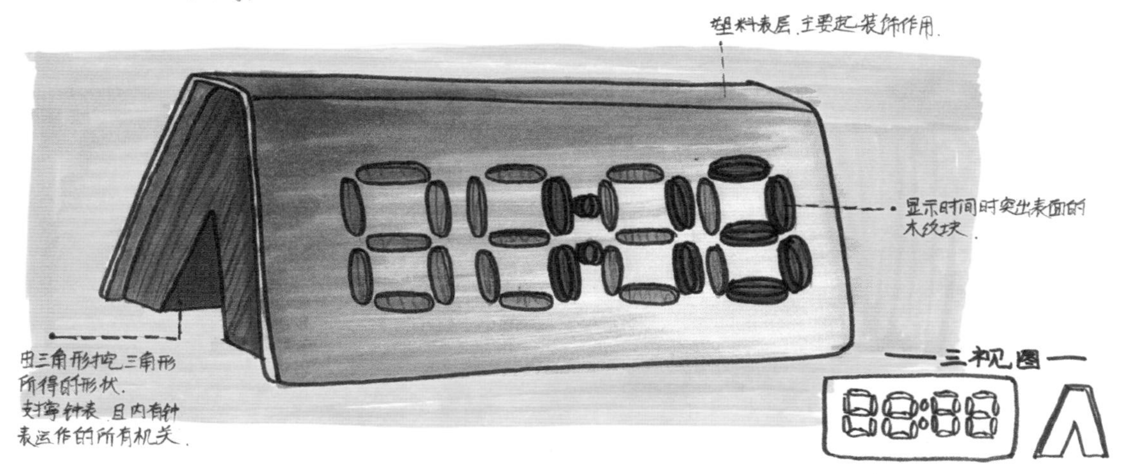


图2-29 时钟（设计者：陈旭）

### 5. 知识点：虚实

“相似又相对”的强相关性是造型要素和其他多种要素有机结合的一种关系，那么，这种关系就不单纯是形式上的关系了，用什么语汇来描述这种综合性的关系呢？答案就是“虚实”。

“虚实”既可以表示形式上的关系，也可以表示材质上的关系、结构力学上的关系、运动和静止的关系、表象和实质的关系（图 2-30）也就是说，“相似又相对”的强相关性或曰“产品造型文本的主题”就是两种要素以“虚实结合”的方式结合在了一起。

### 6. 设计案例解读

如图2-30所示，左图利用镜面反射产生了实体与倒影（虚像）之间的强相关性；右图为图标设计，巧妙地利用了物体在地面投影的现象，将实体与阴影的虚实相对的强相关性与图案要传达的信息结合起来，实体部分俯视图使得图标简洁直观，而其在地面的阴影则显示出另一个维度的字母信息，完美地将形式感和信息传达的设计意图结合起来。三角形桁架受力分析的案例则揭示了貌似完全相同的三角形的三条边在特定的受力状态下内部分化为拉力杆（浅色）和压力杆（深色）的情形，压力和拉力也是一种力学上的虚实关系。

### 7. 理念与设计思路

一般流程：首先根据设计要解决的实际问题，确定采用哪种基本形；粗略塑造产品的大概形态；将产品分解为两个部分，分解的时候考虑产品的功能、可能采用的材料、材料成型的工艺等问题；分解后把这两个部分设计为虚实有别的“相似又相对”的关系，将它们结合在一起形成产品的整体结构。

“主题”的作用有以下几条，但不仅限于此：

（1）规范造型的整体和细节。

（2）形成鲜明的造型特征。

（3）把造型和实际的功用、材料、工艺等要素有机地结合起来。

### 8. 与其他知识点的联系

异形同构、同形异构、边界、力的方向性与表情

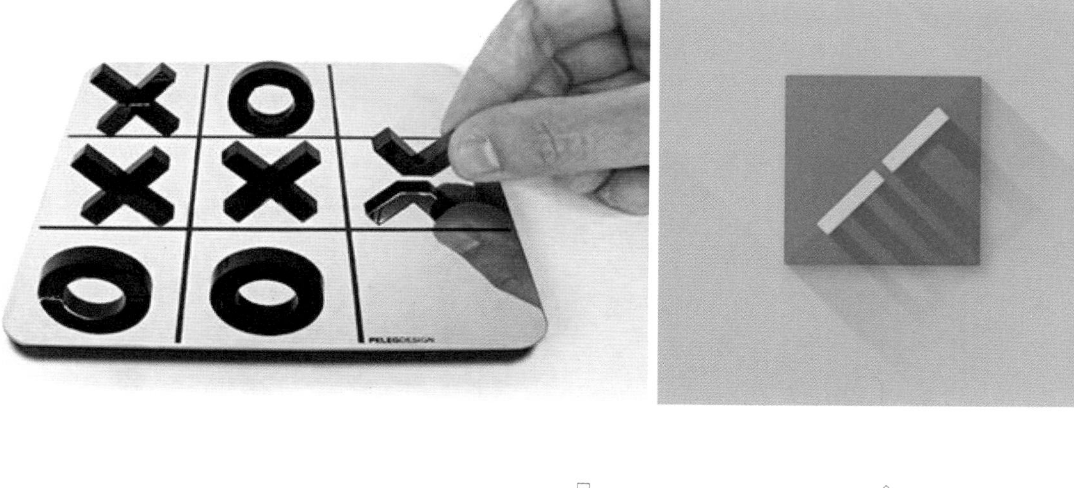


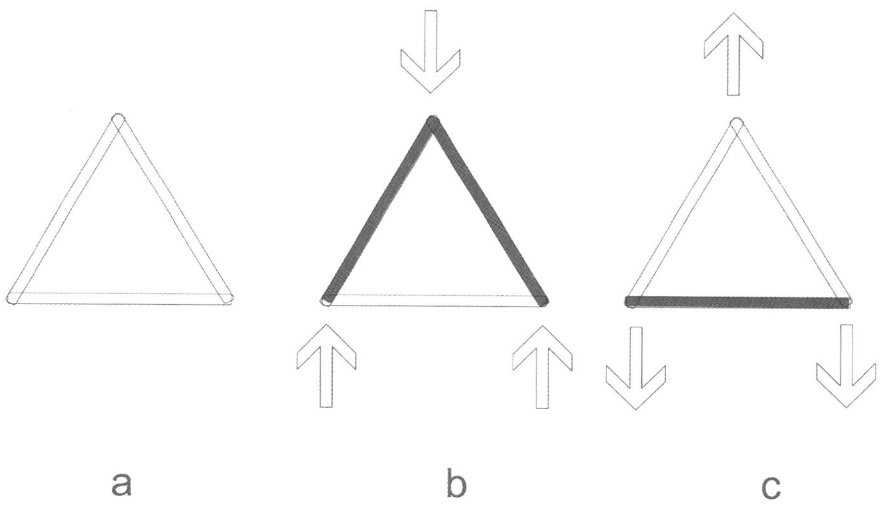


图2-30　各种虚实关系

## 2.2.3 课题 2 材料与形式的整合

### 1. 课题描述

针对某一类产品，如计时装置、家具、空气净化器等，在其主体结构上运用不同材料来形成强相关性的造型主题，并与产品的功能有所关联。

### 2. 设计要求

（1）主题突出，结构新颖。

（2）形式与功能有机结合，没有额外的装饰或者机械的拼凑。

（3）思维的发散性——能用创新的关系来表现不同材料之间“相似又相对”的强相关性。

### 3. 知识点：材料之间相对的虚实关系

在上一课题中，我们关注的“虚实”主要是形式上的、一目了然的空间和实体的关系，我们称之为“绝对的虚实”。但是在材料的世界里，看上去都是实体的不同材料，其内部的致密程度或曰分子结构是完全不同的，这其实也是一种“虚实”关系。致密度低的材料轻、软、透、容易变形，是虚的；致密度高的材料重、硬、密闭、不易变形，是实的。

这种单凭肉眼不能看清，但是却是真实存在的虚实差别，我们称之为“相对虚实”。

### 4. 案例解读

如图 2-31 所示，第一个案例是软包与混凝土两种材料的碰撞，二者在相似的形状下借助不同的构型——实体与空壳、软与硬结合在一起，形成虚实有别、相似又相对的强相关性，使得形式与材料、工艺、功能很好地有机结合；第二个案例是充电宝的设计，采用硬质壳体和软橡胶套的组合，在相似的形状下二者结合，实体与空壳、硬质与软质形成相似又相对的强相关结构，巧妙地将收集电线的功能集成在充电宝的外壳上；第三、四个案例体现了同种材质的虚实结构差异，前者是将圆柱形细长竹条集成为棒状，作为座椅的支撑结构，由于细竹条之间的互相牵制和摩擦，形成柔韧有弹性的结构。后者是将竹条嵌进茶盘的漏水孔，表面和茶盘融为一体，但却是透水的虚表面，也很巧妙地把同种材质的虚实对比表达出来。

图 2-31 材料与形式的整合设计案例

### 5. 理念与设计思路

一般流程：利用相对虚实的关系来设计产品的造型，可以在相似的形状下形成不同的虚实结构，来与产品的功能、结构、材料等方面相对应，把造型和这些实用层面的要求有机结合，形成简洁有力、合乎逻辑但又充满设计感的设计方案。

### 6. 与其他知识点的联系

同形异构、形的结束处、形的连接、肌理

### 7. 教学示例

如图 2-32 所示，薄竹相框的设计，整体分为三层结构，前面板和中框是较厚的竹板材，底层是薄竹（刨削微薄竹），像纸一样柔软有弹性。这样在相同的形状下，前后形成材质软硬（虚实）的差别，后面板借助磁铁吸合在前面板上，当揭开一个角的时候，可以充分体现出材料的软硬质感，借助吸力和材料的弹性让固定相片、拿取或更换相片变得异常便捷。

相册

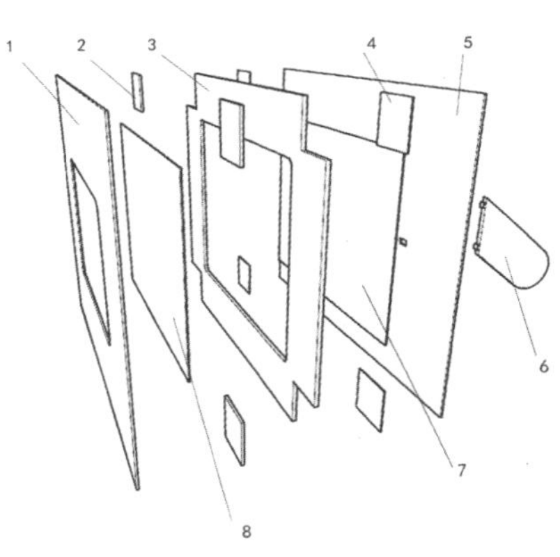


1. 前面板 2. 磁性贴片 3. 中框 4. 钢片
5. 背板 6. 支架 7. 海绵 8. 透明 PC 片

图 2-32 材料与形式的整合
（设计者：傅桂涛）

## 2.2.4 课题 3 功能性结构与形式的整合

### 1. 课题描述

针对某一类产品，如计时装置、家具、空气净化器等，在其主体结构上运用相嵌契合、图底、空间与实体、平面与立体、相对的虚实等强相关性结构与产品的功能有所关联，并形成简洁、独特、美观的造型。

### 2. 设计要求

（1）主题突出，结构新颖。

（2）形式与功能有机结合，没有额外的装饰或者机械的拼凑。

（3）思维的发散性——能用创新的关系来表现不同形式的强相关性。

### 3. 知识点：结构中的绝对虚实与相对虚实

功能性的结构，必须借助某种虚实关系来实现。这些虚实相生的结构，有的是一目了然的绝对的虚实，如图 2-33 案例，这些绝对的虚实结构往往构成一件产品的主要结构和特征，是主题性的结构；而有些功能结构则是借助微观结构来实现的，因为其尺度微观、功能明确，往往运用在

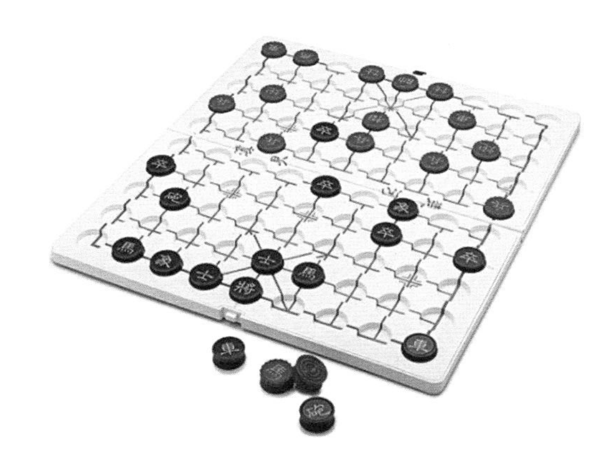

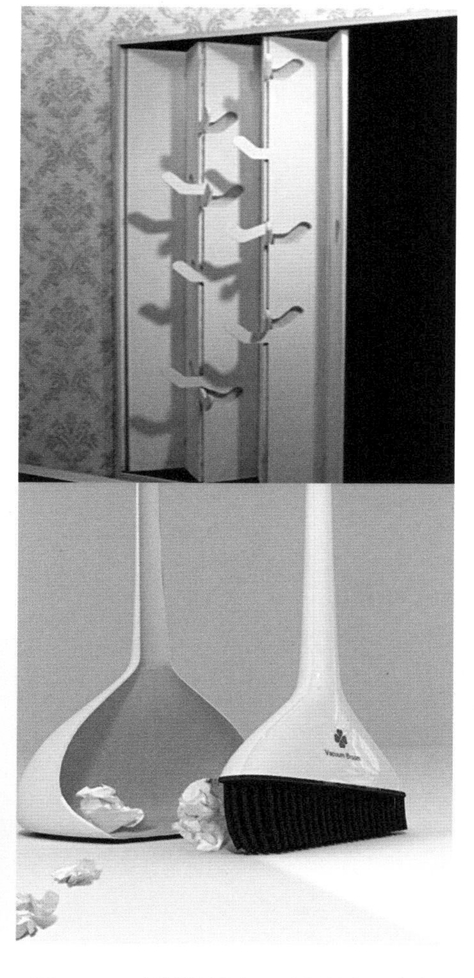

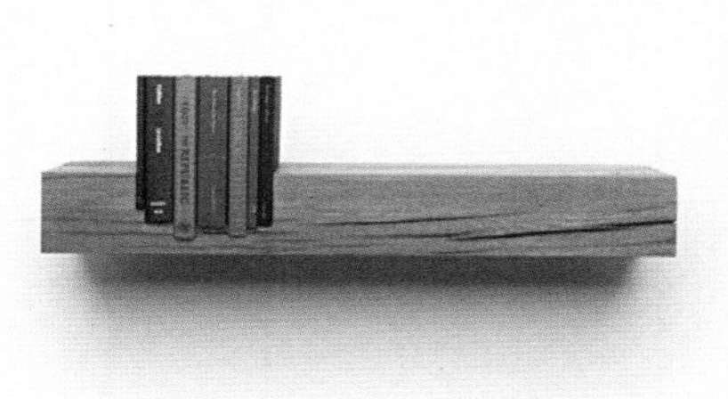

图 2-33 功能性结构与形式的整合设计案例

产品的一些细节设计上（如形的结束处），这些微观的虚实结构是一种“相对的虚实”，例如毛笔、钢笔的笔尖结构，这些情形我们在后面的“形的结束处”课题中再详细介绍，“形的结束”是典型的功能结构。





#### 4. 理念与设计思路

一般流程：

第一种路径：分析产品的主要功能，总结其主要矛盾（痛点）以及解决这个矛盾的可能方式，将其归纳为一种简洁的虚实结合结构。如上例（图2-33）中象棋的棋盘设计，将棋子容易散落这一痛点与塞子的虚实结构进行结合，形成棋盘与棋子之间的新结构。

第二种路径：将产品的形态分解为两部分，形成相似又相对的虚实结构，以此思路不断发散，形成多个方案，从中发现能够产生功能的设计。如上例（图2-33）中的衣柜折叠门设计，将门分解为互相契合的虚实结合结构，进而发现这个结构可以用来在换衣服时充当临时衣架的功能。

如图2-34所示，作者在分析衣架的功能痛点时发现衣服较多时互相挤压难以拿取，这可以通过在横杆上设置分隔和倾斜横杆形成落差两个手段来加以改善，同时原竹剖切形成的工字形横梁可以很好地与之对应，于是就有了这个设计。

#### 5. 与其他知识点的联系

同形异构、形的结束处、形的连接、肌理

图2-34　功能性结构与形式的整合
（设计者：李正演 / 指导：傅桂涛）

## 2.2.5 课题 4 内容与形式的整合

### 1. 课题描述

利用各种客观存在的事物、现象甚至人作为某种“内容”来和设计作品一起组成一个全新的整体。这时，在作品中，一部分是真实的“客观”事实，另一部分是设计师的“主观”创造，形成一种虚实结合的强相关的结构。

### 2. 设计要求

（1）主题突出，角度独特。

（2）主观与客观，虚与实，主体与客体等有机的结合，出于意料之外但又在情理之中的戏剧张力和艺术性。

（3）思维的发散性——从不同角度、不同维度以不同的形式来表达作品的强相关性。

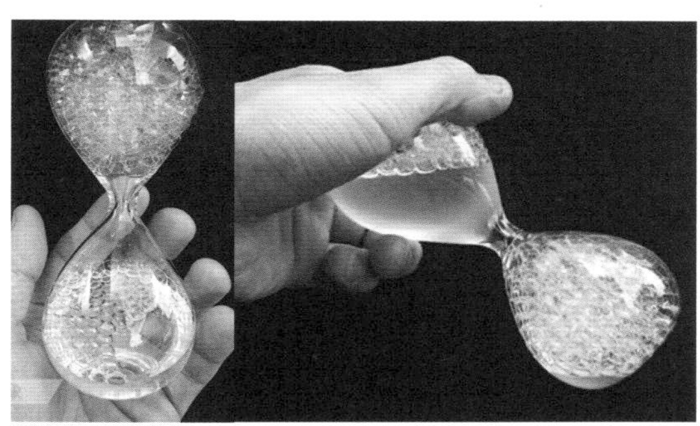

### 3. 知识点：内容与形式

一般来讲，产品的形式及承载的内容是产品具有什么样的功能、运用了什么材料、如何成型、有何人机交互的输入和反馈等，但是在这些常规的内容之外，可以利用形式这个载体承载起更多样的内容。设计者所要做的就是发现多样的内容和形式之间的符合逻辑但又出人意料的关联，这种关联的核心，往往就是某种“虚实”结构（图 2-35）。

图 2-35 内容与形式的整合

### 4. 案例解读

如图 2-35 所示，例一中座椅的形态像一件合体的衣服，与人体非常贴合，将座椅与人体之间的形式上的相似度和内容上的差异性这种相似又相对的关系表达出来，将人作为作品的一部分来考虑，超越了一般家具设计的范畴；例二中利用肥皂水和沙漏的组合，将肥皂泡的物理现象和计时功能以及肥皂泡特有的美感结合起来，利用“肥皂水——肥皂泡”这个组合传达出形式和内容互相转化的关系，以及二者之间虚实结合的形式感；例三是将真实的人脸和图像的人脸做了形式上相似、内容上相反的组合，充满秩序感和戏剧张力，而画像上的人脸与现场的本人之间也形成“内容——形式”的强相关性，有力地表达了某种理念和诉求；例四利用镜面反射将真实景物反射在镜面上，由于角度的差异形成反射图像的对比，这种对比不是来自镜子本身，而是来自周围真实的环境，形成形式相似、内容不同的关联。

图 2-36　内容与形式的整合（设计者：傅桂涛）

### 5. 教学示例

如图 2-36 所示，一般的水龙头设计只考虑水龙头本身的形态，忽视了“水”这一内容要素，此案例水龙头造型设计的时候把实体部分的金属构件和流出的水流当成互相对应的关系——二者具有连续的形态和不同的实质——来考虑，龙头造型按照水流的形态来塑造，这样当打开开关时，流出的水和金属部分形成形式上的高度统一但却在内容上虚实有别的现象，构成一种全新的设计文本。

### 6. 与其他知识点的联系

同形异构、形的结束处、形的连接、肌理

### 思考 1：形式语言与设计的视野

“虚实”关系是跨越形式和内容的边界的一种关系。就像菲利普－斯塔克认为所有产品都可以分为“雌雄”两类一样，“虚实”是一种描述物体基本属性的角度。作为一个设计师，必须具备一种超越单纯的“造型”、“功能”、“材料”等孤立维度的视野，能够将复杂的问题和现象归结为某种简洁的关系，就像数学家可以用数学关系描述所有事物、哲学家可以用“阴阳”解释所有现象一样，设计师只有具备一种综合的视野才能真正驾驭各种设计要素，使造型成为一种表达理念的被驾驭的语言工具，而不是一种可以炫耀的技能或者一个终极的目标。

### 思考 2：路面的虚实结构

在同形异构课题的思考中我们观察了道路系统的同形异构现象，那么除了普通的市政道路，还有哪些不同的道路系统？它们是如何处理不同功能、材料之间的虚实关系的？再比较一下传统的路面结构（例如古建筑园林的路面）与现代路面的异同，体会一下古人的智慧和今天的技术进步。

# 2.3 形的局部与细节



## 2.3.1 导论

形的局部和细节，并不像字面上看起来那样无足轻重，实质上，真正发挥一件产品功能价值的，恰恰是某个局部，而其他部分是这个局部的依托和辅助。

我们所要详细论述的局部和细节，也是一个产品造型中对于实际功能来说最关键的地方。

我们在相关性一节中讲到，相似又相对的、虚实结合的强相关性是一个形式的核心结构，具备这样的强相关性主题的产品造型设计能够有机地把形态和功能等要素结合起来，且是一个完整独立、有特点、有张力的完整作品。在产品造型的重要局部和细节处，这种虚实结合的强相关性体现地更加明显和绝对。

事实上，产品的重要局部和细节就是图 2-37 中那些围绕在造型整体强相关结构（主题）周围的那些次级的强相关结构。

接下来我们要论述的就是这样一些重要局部和细节设计：形的结束处、形的连接、形的肌理。

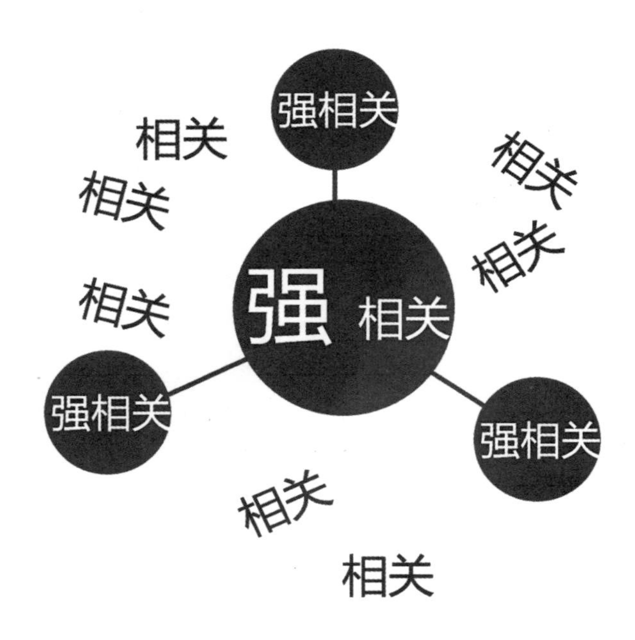


图 2-37　主题与局部的关系

## 2.3.2 课题1 形的结束处

### 1. 知识点1：形的结束

所谓“形的结束”可以这样理解，一个完整封闭的形和外部的空间有一个边界，这个内外的边界就是一个“形的结束”，在这个边界处形“结束了”，这是在几何意义上对“形的结束”的描述。

但是，在这条封闭完整的边界上，总有几个局部是具有特别重要的功能的。例如当形在某个位置和另外的实体或介质发生直接的接触和作用时，那么这个接触和发生作用的地方就成为我们要重点讨论的“形的结束”。

“结束”总是意味着某种自身属性的终结、转化和某种对立面的开始。因此，形的结束处是一个充满辩证意味的概念，在形的结束处，形和外部的物体要发生接触和各种物理作用，因此这个地方总要有相对应的精妙结构才能使内外之间达到连接和平衡。

从虚实的角度看，每个“形的结束”处都对应着一对互相作用的关系，一方是产品的末端，一方是外部的物理环境。当这一对互相作用的关系确立后，一方体现为“实的”另一方体现为“虚的”。

所以我们之前在“强相关性”一节中提到的各种虚实结构都会在这些结束处以更小的尺度存在着——空间与实体的虚实结构、不同材料的相对虚实结构等。

### 2. 课题描述

针对某一特定产品，分析其造型的“末端”——“形的结束”处的设计问题，用某种虚实结构来解决问题。

本课题的训练目的是建立“形的结束”这一概念，从而能在设计中抓住问题的关键，或者能够更敏锐地发现设计问题。能够将形式和产品的功能、交互等维度有效结合。

### 3. 设计要求

（1）问题发现与分析准确合理。

（2）形式与功能有机结合，且简洁有美感，不与主题冲突，不喧宾夺主。

### 4. 设计案例解读

如图 2-38 所示，空气净化器的设计，创造性地将出风口“结束”在长方体机身的内部，这一结束的形式改变了气流和机身的空间关系，营造出一种气流和机身虚实结合的强相关结构，有一种“空穴来风”的意象，再配合出风口处灯光的渲染，充满技术感。另一案例剪刀手柄的设计，其结束处的形状与手指吻合，突出了镂空处和手指的契合关系，另外将两个结束处融合在一起，尽可能地扩大了镂空的尺度，也便于在成型时控制金属的变形。

如图 2-39 所示，钢笔笔尖的设计，在形态的结束处切分形成缝隙，一方面可以将墨水引至笔尖，另外也改变了局部材质的硬度，使得笔尖更富弹性并且可以随着笔尖的运行方向改变而改变形的结束处分叉结构的形态，使得笔尖与纸面始终保持贴合。这样的案例有很多，例如各类工具的橡胶手柄在不同部位可以通过花纹来改变硬度，增强与手掌的贴合度，牙刷的头部可以通过虚实关系改变硬度和弹性等。而下图中鼠标按键也运用类似钢笔笔尖的结构，使得零部件数量减少，可靠性更高，造型更简洁美观。

图 2-38 形的结束设计案例（一）

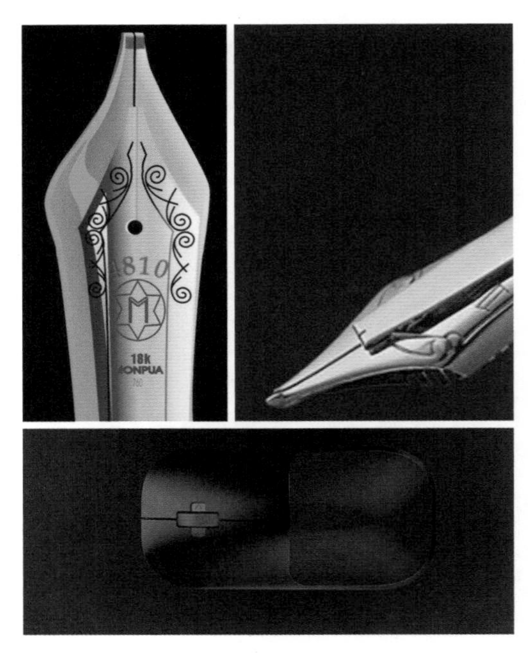


图 2-39 形的结束设计案例（二）

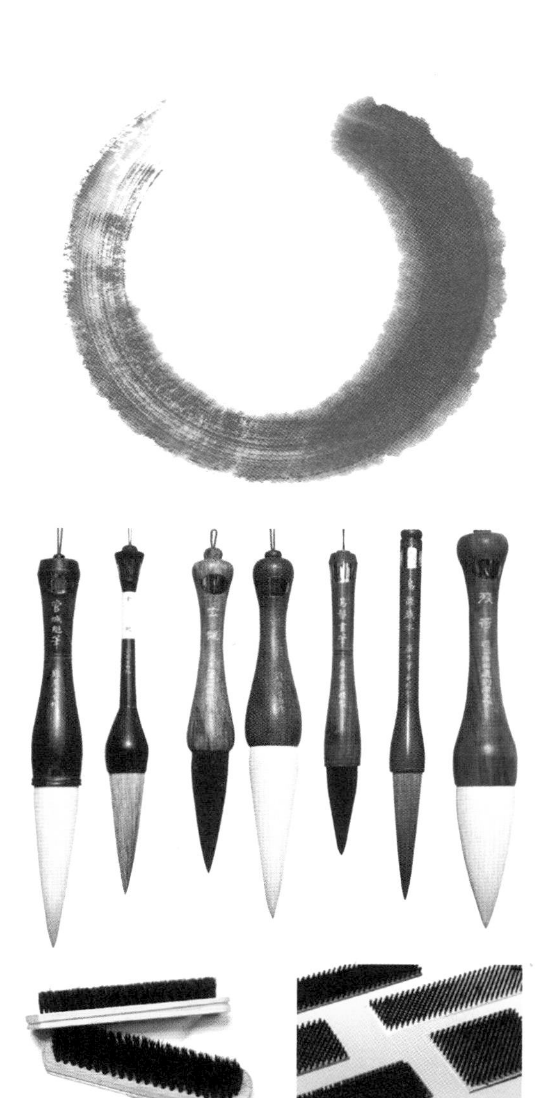

图2-40　形的结束设计案例（三）

如图 2-40 所示，毛笔的笔头，利用疏密关系产生的结构来吸入墨汁，并能书写出多变的笔触效果，这种实用的功能和多变的形态适应性就来自借由疏密关系形成的模糊空间结构。再例如毛刷，由于其与毛笔的形态结束有所不同，大面积的疏密结构除了提高使用效率之外，更能形成其他形式的新结构。例如在需要防尘的活动缝隙处可以运用类似毛刷的形态结束，利用其疏密结构来达到既隔绝灰尘又保持一定活动间隙的目的。再比如利用毛刷结构互相之间的摩擦连接效应可以设计出新颖的连接端面，用于需要频繁开合而又要保持一定通透性的结构处。

如图 2-41 所示，相对于气流来说，飞机机翼的前后缘是非常关键的结束处，因此对飞机的起降、飞行和机动来讲，总是要借助于机翼前后缘的特殊结构来强化机翼的性能。这些结构五花八门，有简单有复杂，但是归根结底是改变机翼边缘处与空气的接触形式，让空气与机翼虚实相间地结合起来，以我们想要的方式和机翼发生相互作用。以前缘缝翼和后缘开缝襟翼来说，不同形式的缝翼和开缝襟翼就是改变结构的疏密程度和角度来控制气流在机翼上下表面穿过时的状态，从而控制气流和机翼的作用方式，达到增加升力、控制气流分离、引导气流方向等作用。

图 2-41　形的结束设计案例（四）

### 5. 知识点 2：形的结束处的虚实结构

（1）软硬

形的结束中的软硬结构除了可以通过不同材料的选择搭配来实现（图 2-42）（相关内容可参见课题 2-2：材料与形式的结合），也可以通过微观的虚实结构来实现，微观的空间使得实体局部的“致密度”发生变化，从而与整体产生对比，形成不同软硬的结构关系，例如图 2-39 所示的钢笔笔尖设计。

（2）疏密

由微观的空间和实体交错形成的疏密关系是一种相对虚实的关系，由于外力影响或者其他介质的渗入都会随时改变这种结构之中的虚实关系，相对的疏密关系产生了一种模糊的空间结构，这种结构除了也会体现为上述的软硬关系，还会在形态的结束中产生其他实用的结构形式，如图 2-40、图 2-43 案例所示。

图 2-42　形的结束的软硬结构

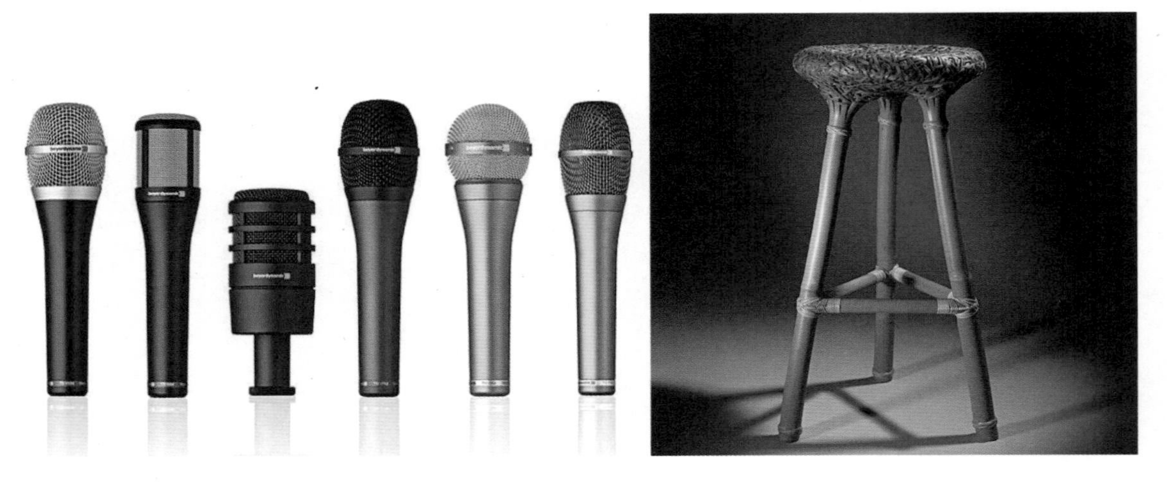

图 2-43　形的结束处的疏密结构

## 6. 教学示例

如图 2-44 所示，此案例为运用类似钢笔尖结构原理进行的坐具设计习作。通过在形的结束处引入虚空间，改变了局部的软硬关系，使得坐具的上部在横向上硬度（刚度）减小，从而使得上表面与臀部更为贴合。而由于这个形态是空心的，从外部看是空隙的地方在内部看来却是增加了一个支撑结构，这就增加了形态整体的刚度，使得塑料件不容易变形。

如图 2-45 所示，此案例为按摩木屐的概念设计，利用当地特产山核桃的空仔壳——空心小球作为木屐底板上表面的按摩结构，内衬发泡材料，小球在人体压力下上下起伏，可以起到按摩作用。小球在底板和发泡材料之间有一个合理的活动空间，底板—小球—发泡材料形成一个有一定活动空间的结构，在木屐表面结束处形成凸凹、升降、软硬等虚实结合的结构特点，使产品具有按摩功能。

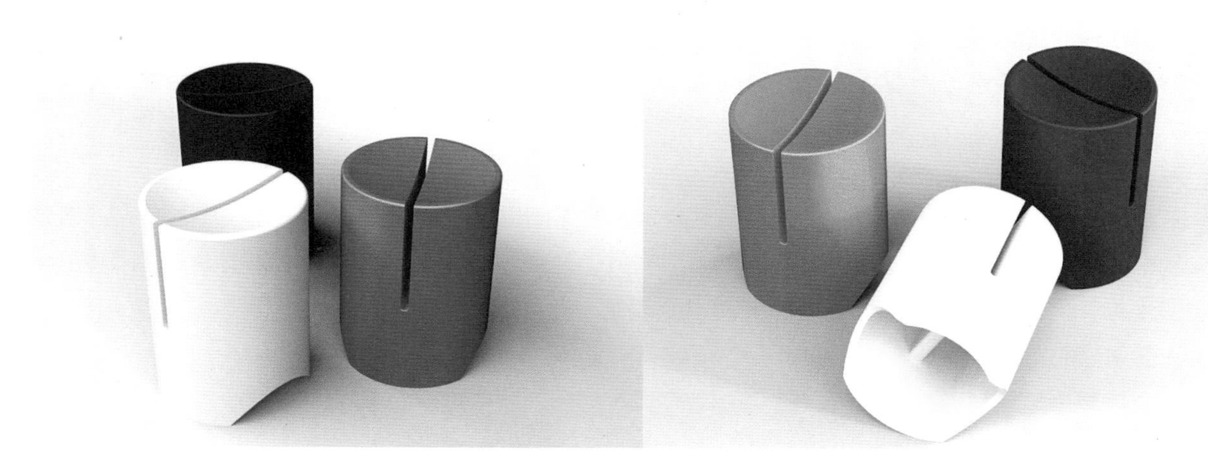

图 2-44　坐具（设计者：傅桂涛）

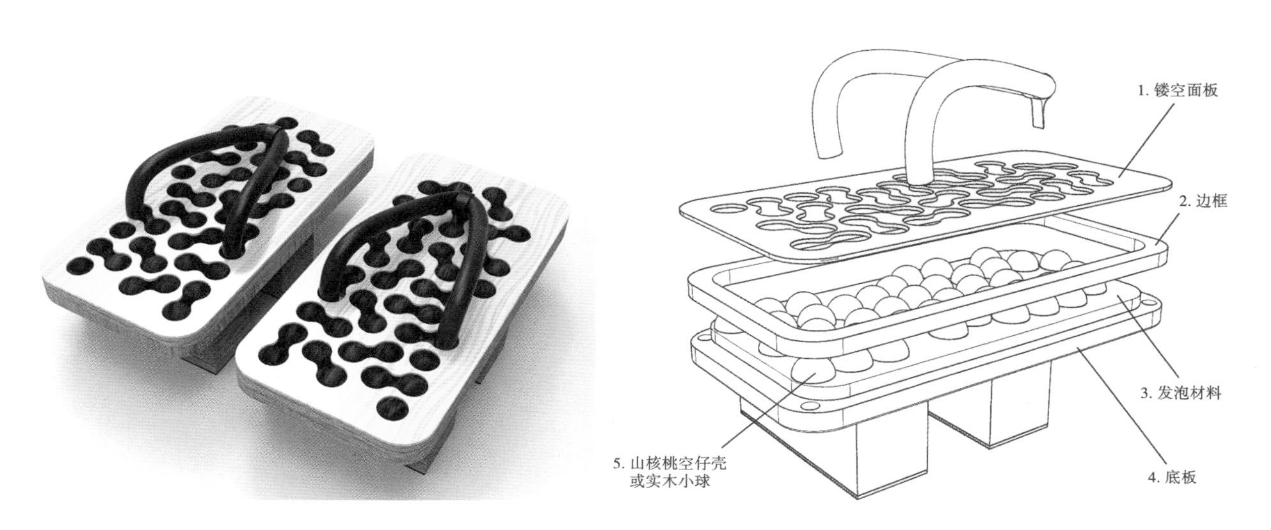


图 2-45　按摩木屐（设计者：傅桂涛）

## 7. 知识点3：力在形的结束处的作用与传递

（1）外力的平衡

形的结束处的虚实结构对于外力的平衡非常关键，虚空间让结构能够平衡外力的同时也大大减轻重量，对于节省成本和成型的工艺性都是有益的。例如所有杯子的底部都是有虚空间的，再如图2-46所示的雨伞和苍蝇拍的支撑结构。

（2）外力的传递

与形态有关的机械力总是通过直接接触来传递的，点、线、面等各种接触形式体现了不同的设计要求。或者通过增大面积以降低压强，或相反来增大压强，或者通过形态结束处的设计来形成某种约束、实现特定的运动等（滑轨、摇臂等）。如各种不同种类的笔尖，通过形态结束的设计来形成点接触、线接触、面接触等形式（圆珠笔、铅笔、钢笔、毛笔、画笔、马克笔等），各种形式都有不同的力学特点，便于实现某种相对书写表面的力学特性。

（3）针对内力、应力的形态结束设计

当结构轻薄细软或外部载荷较大时，外力的平衡和传递过程中对结构的影响非常显著，这时除了考虑力自身的均衡关系，还要考虑力对结构材料内部的作用，也就是内力与结构形式的匹配以及应力在结构内部的分布。

（4）降低内部应力、改善应力分布

借助形态结束处的形式和材质设计，来改变外力的作用形式，使得载荷尽可能以均匀分布的方式传递到结构内部，可以降低应力水平，提高结构的力学效率。如图2-47所示，利用受力孔周边的金属加强结构，可以让集中作用在此处的外力以更规则、更均匀的形式传递到鞋子面料的内部结构中，大大降低局部的应力水平。

（5）使内力与结构形式匹配

形态的结束联系不同的构件，改变其形式，构件之间的作用方式也发生变化。利用形态结束可以将载荷转化为适合构件力学特点的形式。如杆件适合承受轴向载荷，可以在其结束处采用铰接形式，薄板适合承受均布的面内力，在连接处则可采用扁平的铆接形式等。

## 8. 与其他知识点的联系

同形异构、形的连接、肌理、边界

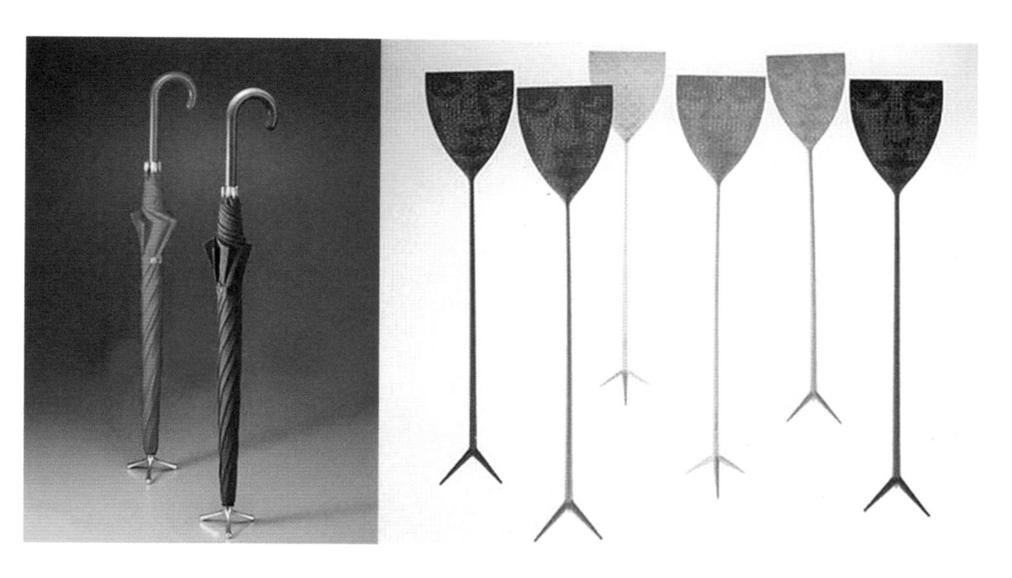

图 2-46　形的结束处对外力的平衡

图 2-47　形的结束处应力的扩散

## 思考1：作为人体的“结束”——手掌的结构（图2-48）

观察自己的手掌和手指的结构，从整体到局部，思考作为“人体的结束”，手掌上有哪些结构体现了虚实结合的关系，这些地方因此而具有了何种功能？

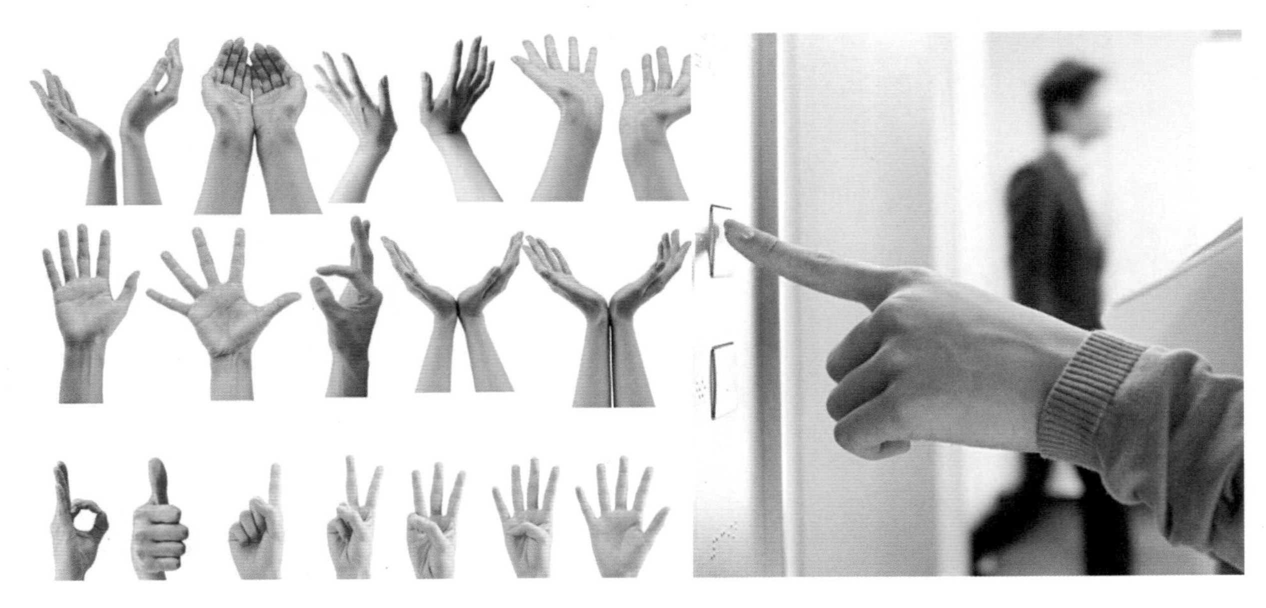

图2-48　手掌上的各种形的结束结构

## 思考2：试着分析下图2-49中产品面板上各种旋钮的设计依据

图2-49　产品面板上的各种形的结束

### 2.3.3 课题2 形的连接

#### 1. 导论

把产品分解成不同的零部件，连接就是一个零部件以自己的结束处与另一个零部件的结束处进行结合。

这种结合体现为结构上的虚实契合和受力上的约束与平衡。

空间上的虚实契合指的是连接的一边和另一边一定是基于结束处的形的相似性和虚实的相对性才能契合；受力上的平衡是指只有虚实的结合还不够，必须还要能借助受力平衡的约束来维持连接结构处的完整和稳定。

连接结构有很多成熟的典型形式，如螺纹、螺栓、铆钉、榫卯、卡扣等。这些形式归根结底都是强相关性的体现，但强相关性不仅限于虚实结构上的契合，就像我们在强相关性一节中讨论过的材料上、内容上的多种相关性，在连接处也可以把这些要素和连接结构结合起来，形成既实用可靠又有创意内涵的连接形式（图 2-50）。

此外，参与连接的两个构件如何接近彼此，是对接、垂直还是平行？这个方向性也会影响连接后形成的整体结构的形式感和力学关系。方向的变化不影响连接件的标准化，但却有更大的设计自由度。

图 2-50 各种连接结构

### 2. 课题描述

能够从结构的虚实关系和力学的平衡两个方面进行连接形式的发散设计和优化，结合连接方向的变化等手段来重塑产品的整体结构和造型特征。

本课题的训练目的是建立“连接”的概念，并能够从广义层面来理解这一概念，从而能够创造性地解决产品结构中的连接结构的问题，也能够运用连接的概念来创造全新的造型语言，能够将产品造型的整体性和各部分的相关性有机地统一起来。

### 3. 设计要求

（1）连接形式独特，结构新颖。

（2）力的平衡和约束合理，可靠性高。

（3）在解决连接问题上思路有突破性和启发意义。

### 4. 设计案例解读

如图 2-51 所示，此案例创造性地利用产品的空间关系进行虚实结合的连接结构设计，结合材料的成型工艺将不同构件连接起来，在形式上、功能上都令人耳目一新。

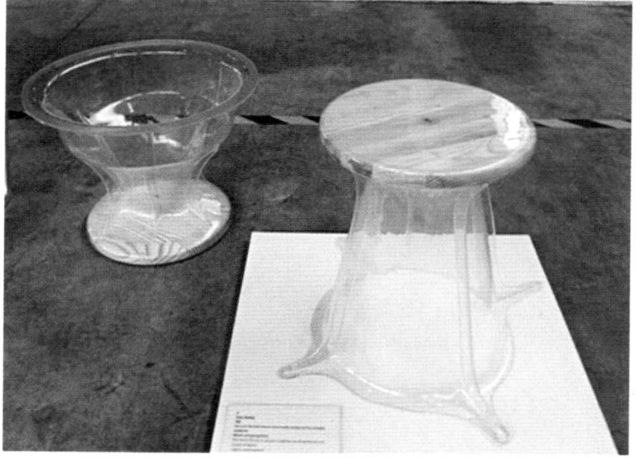

图 2-51　连接形式的创新设计

### 5. 教学示例

如图 2-52 所示，此案例运用连接结构来形成加湿器上下两部分的强相关性，使产品具有鲜明的造型主题，在形态类似仙人球的仿生设计中进行了结构的创新，将形式与功能很好地结合起来——这个上下契合的强相关结构就是加湿器水箱和底座的连接结构。

图 2-53 所示，两种材料的部件进行连接，金属部件为整体式，便于成型、简化安装；木材部分为单件连接，便于加工，包装体积小；利用同一结构变化连接点后，可以与另一圆柱状部件连接成为另一产品，通用性好。

图 2-54 所示，通过椅子结构的拆分和重构将主要构件的连接方形统一为平行连接，这样的结构充分地发挥出钢管结构的力学特性，平行的连接结构让弯矩和扭力很好地在折弯的钢管中得到平衡，连接处只需要螺栓承受剪切力即可，从而使得产品结构简洁，拆装方便，构件体积小便于包装（连接处的钢管间距使螺栓处产生弯矩，但由于上下螺栓间距远远大于钢管间距，且有多处连接结构分散载荷，经试制检验结构轻便可行）。





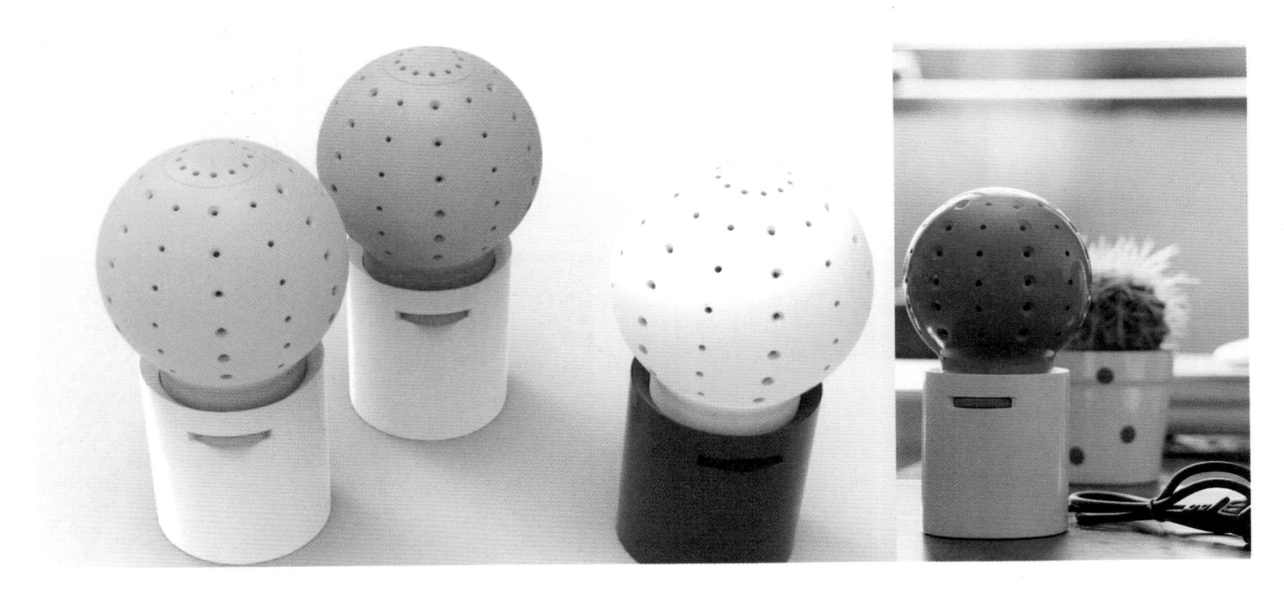

图 2-52 加湿器（设计者：田敏敏 / 指导：傅桂涛）

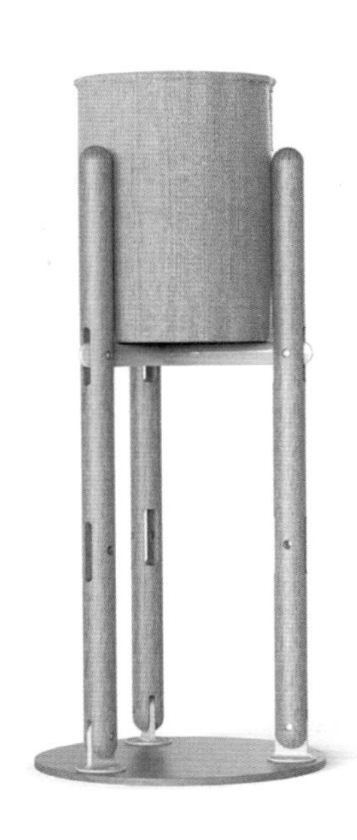

图 2-53 家具
（设计者：李正演）

### 6. 理念与设计思路

一般流程：首先，分析连接的两个部件结束处的虚实关系，从空间关系上规划它们的连接形式；其次，从受力上进行设计，使二者达到平衡和互相约束，形成稳定的结构；在以上两个步骤中同时探讨二者的连接方向，看是否能产生不同的结构形式；最后检视连接结构与整体形态的关系，根据整体的主题来调整连接结构的特征。

### 7. 与其他知识点的联系

异形同构、同形异构、形的结束处、肌理、边界

### 8. 知识点拓展：广义的连接

广义地说，凡是两个不同部分的交界处都是连接，连接使两个部分形成整体，连接也是二者之间的过渡地带，是两种不同要素碰撞、融合的地带，连接不仅是一种结构，也具有形式美。如图 2-55 所示，例一中上下装的连接部位通过镂空图案互相渗透契合，形成一条模糊的边界，起到连接上下两部分的作用，也从整体上营造了服装的层次感和节奏感。例二中托盘的设计让手指穿过盘底，功能上更加稳定，体验上有一种逾越边界而产生的触觉和心理上的碰撞与融合的感觉。

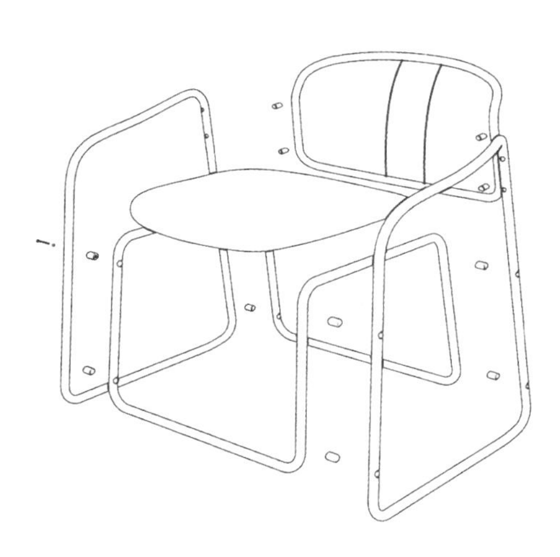

图 2-54　金属椅（设计：傅桂涛）

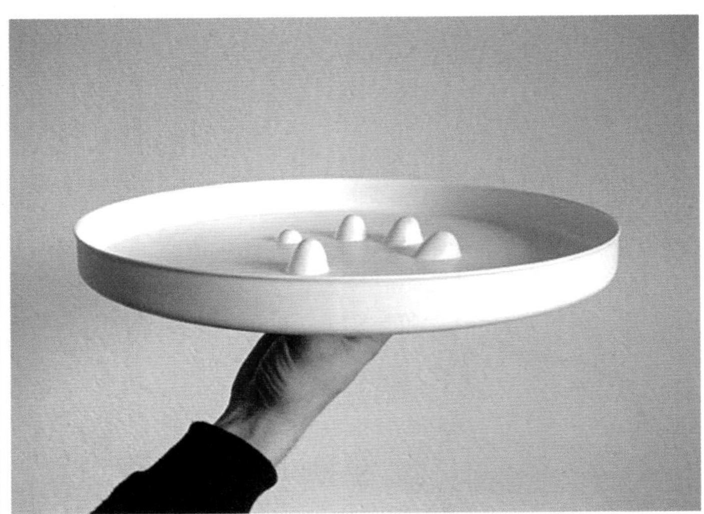

图 2-55 广义的连接

## 2.3.4　课题 3　形的肌理

肌理绝不是表面的纹理图案这么简单。

就像皮肤是人体最大的器官，产品表皮的肌理也具有多样的功能和丰富的结构。

产品表皮肌理中可以体现其功能和形式感的结构同样也是各种形式的“强相关性”结构。这些相似又相对的结构在赋予产品独特的表面视觉和触觉特征的同时，也让简单的肌理中隐含着结构力学的、流体力学的甚至光学的、电磁学的等功能。

这些结合了形式感和功能的结构包括空间的虚实结构、力学的虚实结构和材料的虚实结构等方面。

### 1. 课题描述

能够将产品表皮的纹理图案和某种结构有机结合，从而实现形式与功能的整合。参考题目：针对特定产品的进 / 出气口设计、散热孔设计、旋钮（按钮、开关）设计、面料选择和细节设计等。

本课题的训练目的是建立“肌理”的概念，不再把肌理视为装饰性的细节，将注意力从肌理的“图案”、“纹样”等方面转移并聚焦到更丰富、更具实际价值的肌理内部的“强相关性”这一点上，从而能够利用肌理创造性地解决产品的功能、工艺、交互等问题，并能够从广义层面来理解肌理的概念，运用肌理来创造全新的造型语言。

### 2. 设计要求

（1）运用基本构成手法的熟练程度。

（2）形式与功能有机结合的合理性和创新性。

（3）能够拓展“肌理”的内涵，提出有启发意义的解决方案。

### 3. 知识点

#### 空间虚实的肌理

空间虚实的肌理是在肌理中利用重复的骨骼形成空间和实体的对比，并借助这种虚实结构形成某种功能。

如图 2-56 所示的镂空果盘，虚实相间的结构将独特的形式和轻巧支撑、透水结构完美地结合起来；运动鞋的镂空网格肌理，将鞋帮的支撑结构和透气结构完美结合；灯罩的图案肌理将透光和遮光结合，很好地将光线遮挡并柔化。

### 力学虚实结构的肌理

肌理在受力上有明显的侧重，常见的有“分层”结构和“强化”结构，这些结构一般都是把外力分化为不同的形式，然后由肌理的虚实两部分分别承受并达到平衡。如图 2-57 所示，例一中灯罩的分层结构，内层骨架为三角形的杆框架，可以承受作用在结点上的外力，外层的表皮则增加杆的稳定性从而提高整体的结构刚度，也兼有透光的作用；例二中折纸结构的肌理，折痕处形成局部的刚度强化，相当于加强筋，具有支撑作用，整体上相当于在纸中增加了一层支撑框架，这个框架和纸张的平面结合相当于分层结构，类似的结构经常运用在金属材料上，可以达到轻巧、高刚度的力学效果。

### 综合空间与力学的虚实结构肌理

既然空间和力学上都有虚实关系，这两种看似不相关的结构就可以有机地结合起来。图 2-58 所示的零食盘和果盘很好地体现了这种有机结合。例一零食盘的肌理既在力学上有类似台阶的支撑作用，让物体均匀摊开而不是堆积在底部，又在空间上留下缝隙，在放置水果时让水可以流走；例二果盘镂空的肌理既是空间上的排水缝隙又形成可变形的弹性结构，方便清洗。

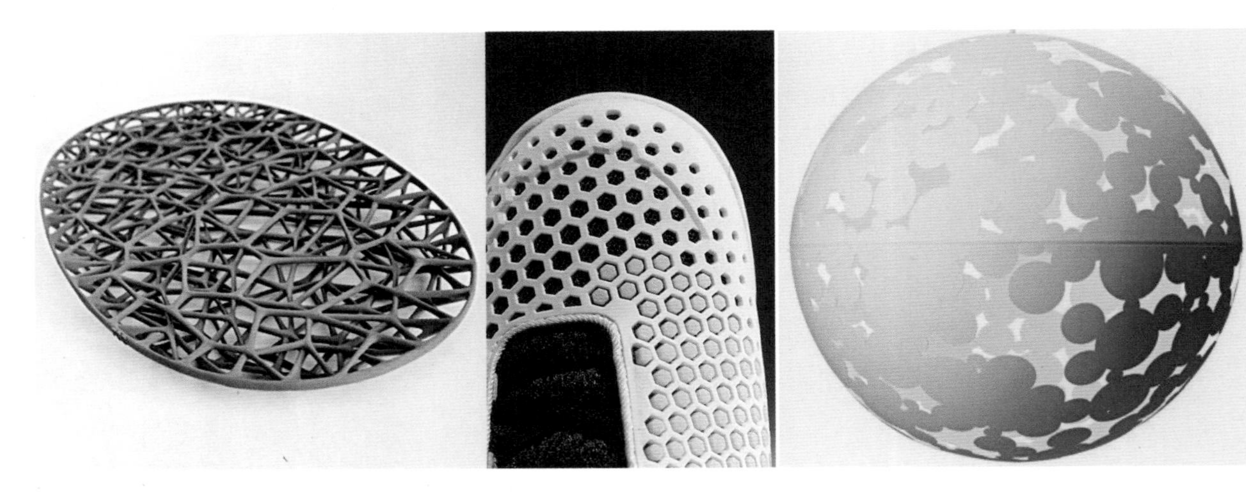

图 2-56　空间虚实的肌理

图 2-57　力学虚实结构的肌理

图 2-58　综合空间与力学虚实结构的肌理

### 材料的虚实肌理

不同材料具有相对的虚实关系，例如塑料材质中光滑坚硬的为实、粗糙柔和的为虚，利用这样的关系在产品表皮中搭配组合，可以产生虚实结合的肌理，既在形式上形成层次，又对应不同部位的功能性考量。如图 2-59 所示，例一仪器设备的壳体用光滑质硬的肌理，对应精密的科技感和品质感，同时功能上便于清洁；人机交互的操作面板部分则采用粗糙柔和的肌理，手感温和便于操作，心理上也易于接近。例二小米遥控器通体磨砂质感搭配柔和的弧面和环形的软调导航键，手感极佳；而 LOGO 则采用高光镜面质感，低调而又醒目。

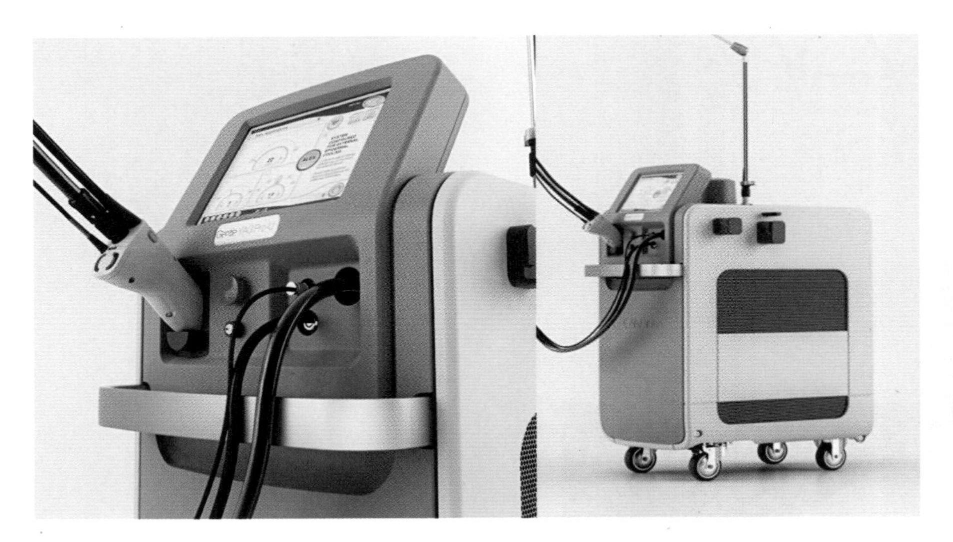

图 2-59 材料表面肌理的虚实

### 综合力学结构和材料的虚实肌理

针对材料的力学特点通过独特的工艺或者结构设计来改变其应力分布，与产品的功能需求相对应。如图 2-60 所示，例一中弹性面料和椅背用同样有弹性的框架结构结合，在力学上获得了弹性的支撑面，同时又具有透气的特点，面料的半透明特点让框架的肌理若隐若现，有一种含蓄的美感；例二中皮革面料经过间隔的缝纫固定，材料的弹性使其形成凸凹有致又富有弹性的表面肌理，既强化了表面的支撑作用，又不会过于压迫腿部，凸凹的肌理也使座椅表面更透气。

图 2-60　综合力学结构与材料的虚实肌理

## 4. 教学示例

如图 2-61 所示，利用模具内表面的抛光工艺，在塑料产品外壳的不同部分形成磨砂和镜面的不同机理，结合造型的起伏，让网络施工人员可以仅凭触觉就能判断插头的方向，提高了效率，外观也在保持专业性的同时具有了一定的特点。

如图 2-62 所示，木制果盘的起伏肌理，形式上像连绵起伏的水波、山岭，充满韵律，功能上能很好地沥干水果上残留的水，而且水被分割开来，不会聚成一片，加快了水分挥发，同时将水果支撑抬离底面，保持干燥。

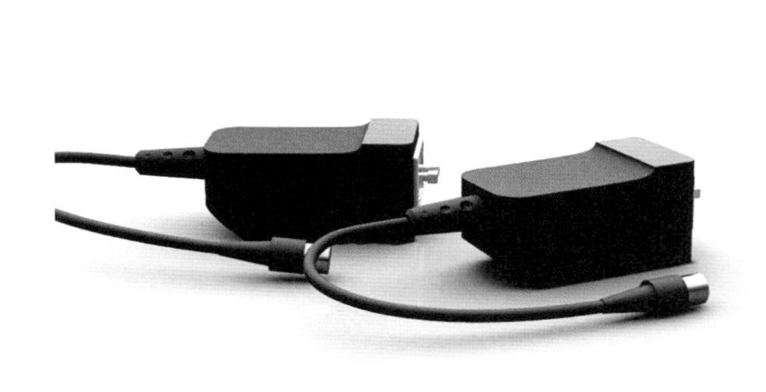

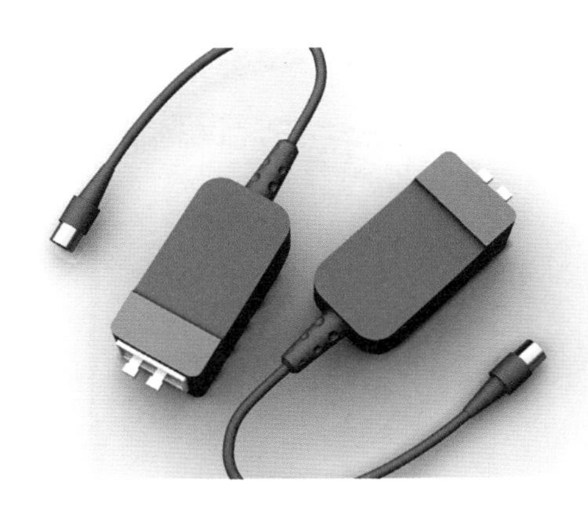

图 2-61　插头（设计者：傅桂涛）

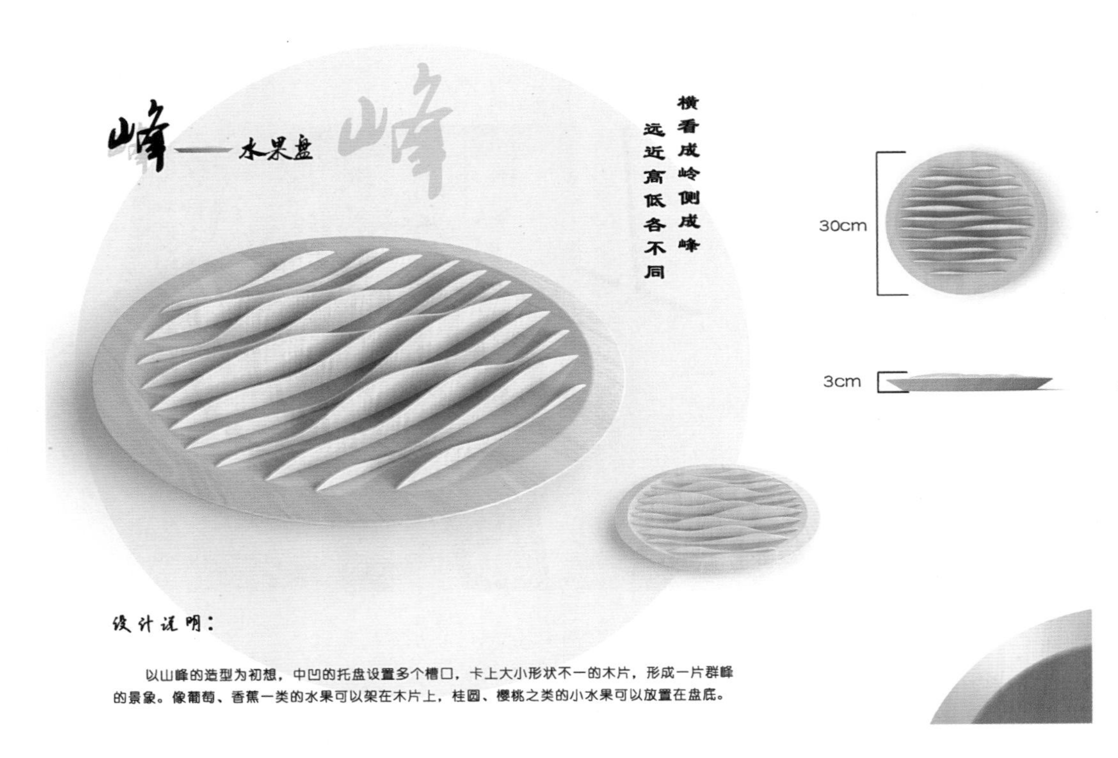


图 2-62　木质果盘（设计者：郑倩莹 / 指导：傅桂涛）

### 5. 优秀学生作品

如图 2-63 所示，此案例为仿生设计，通过提取蜻蜓翅膀的图案形成刀柄的镂空肌理，很好地将视觉的美感和增大摩擦、通风透气、减重等功能结合起来。镶嵌 LOGO 处就像蜻蜓的翅痣，画龙点睛。

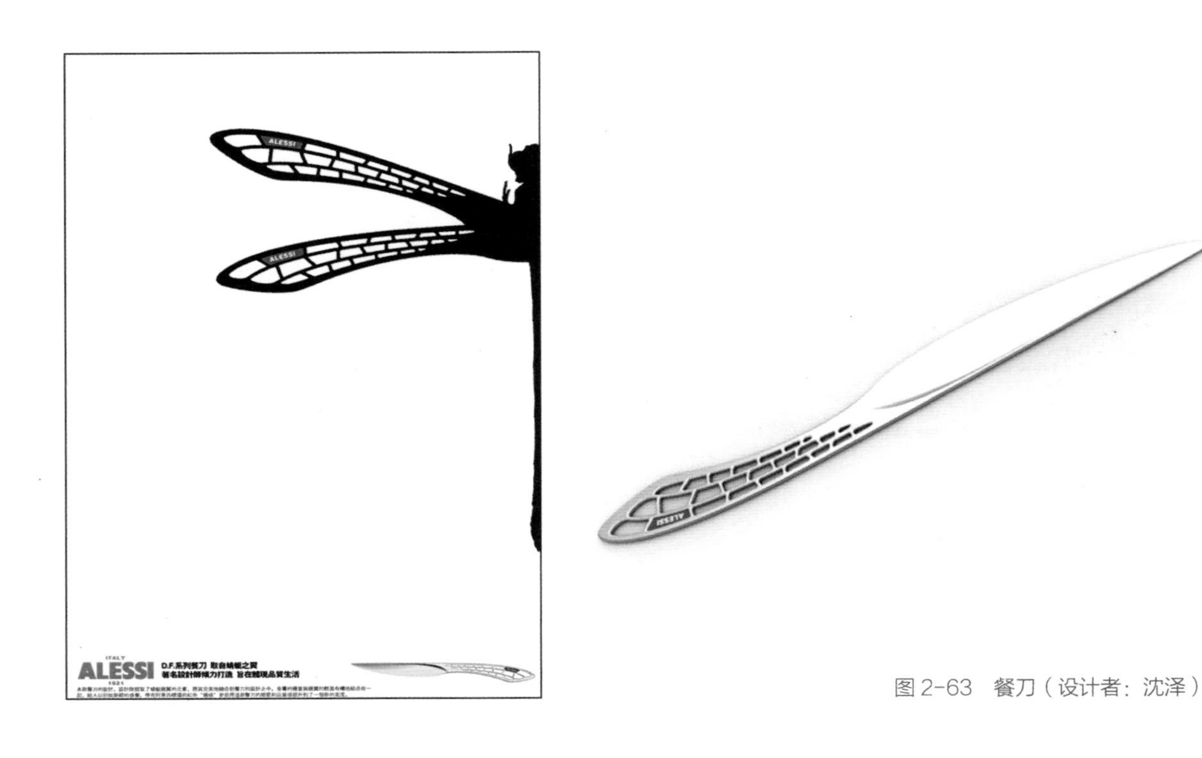


图 2-63　餐刀（设计者：沈泽）

### 6. 关于肌理的思考

（1）微观与宏观

肌理既具有微观结构的精细，又可以构成宏观的结构框架。图 2-64 中的净化器整体结构由两部分组成，一部分是水平面上的薄片结构，另一部分是垂直方向的支撑结构，从宏观角度看，两部分在力学上具有强相关性，是整体结构的主题。从微观角度看，水平方向的薄片结构形成整体式的肌理，整个机器像是浸泡在空气中，空气流过细细的缝隙被净化的语义表达得非常充分，这些细细的缝隙同时又把垂直的支撑结构掩盖起来，每一片薄片像是漂浮在空中，毫无重量感，整个造型很好地诠释了“空气感”和“过滤—净化”的语义。类似的现象如图 2-65 所示图书馆的外墙设计，采用无窗设计，墙面布满小孔肌理，既在视觉上形成独特的外观，又在室内形成了均匀的采光，没有明显的阴影，非常适合图书馆对室内采光的要求。宏观上看，布满小孔的幕墙和幕墙之后的框架二者在力学上是强相关的结构，是整个建筑形式的主题，但这个结构的功能却是靠微观的小孔肌理实现的。

（2）肌理与实体的相对性

微观的肌理与宏观的实体有时是相对的，在不同的尺度下看，肌理有时也是实体，实体有时也是肌理。利用这种相对性可以使结构更富层次、更有感知的张力。如图 2-66 所示，这个实体建筑中存在两种尺度的骨骼肌理，大尺度的骨骼是三维的立体骨骼，形成一种极富层次的堆叠感，小尺度的骨骼是每个立体骨骼中的平面正交骨骼，它们的存在使得立体骨骼更接近实体，使得形态看起来像是一堆大小不同的长方体的加法组合，这就造成了一种不同尺度骨骼之间的模糊关系。这使得整体的形态有一种含蓄的力量，比直白的结构更加具有张力。

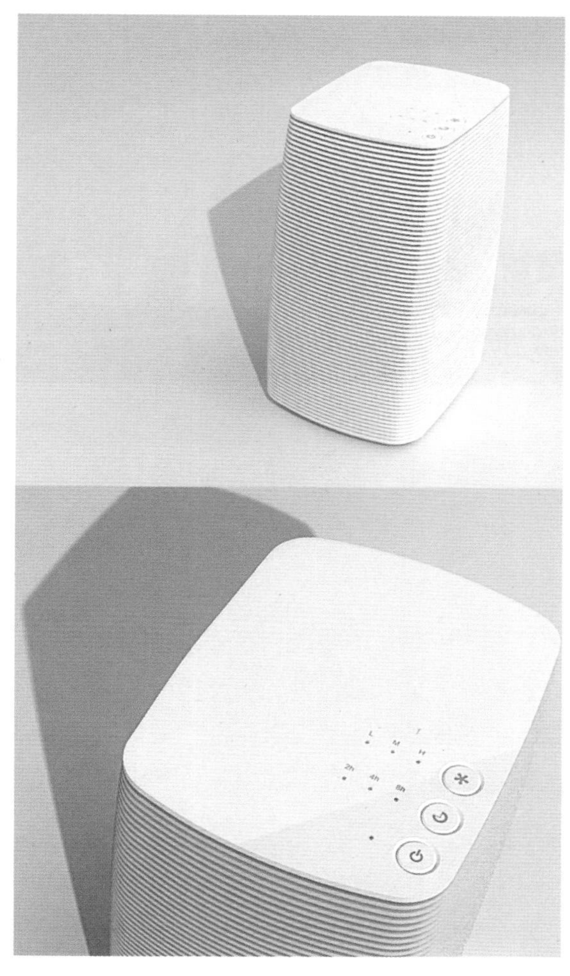

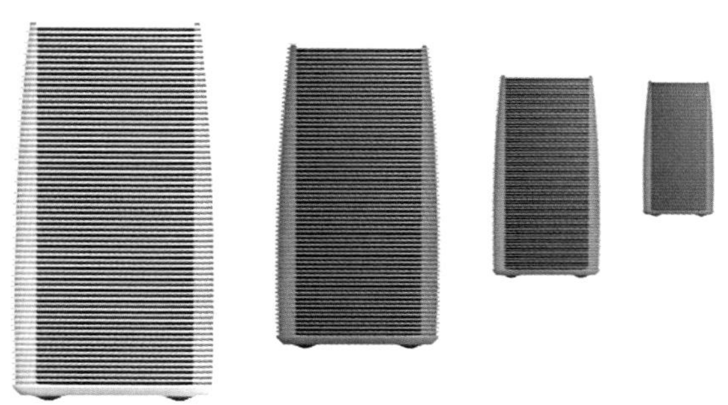

图 2-64 肌理的宏观与微观前沿设计案例（一）
（设计者：孟凡迪）

图 2-65　肌理的宏观与微观前沿设计案例（二）

即使细微处的肌理创意，也体现着某种“强相关性”的结构，如图 2-67 所示，整体上肌理布满产品的外表面，细微处的突起角度有微妙的变化，形成对光线的反射差异，在自然环境下，看似相同均匀的肌理却形成了明暗不同的规律性对比（相似又相对的强相关性），让看似简单均匀的肌理排布因为有了动态的对比而形成冲突又调和的戏剧性特性。

图 2-66　肌理的宏观与微观的相对性（傅桂涛 摄）

图 2-67　肌理表现上的创新思维

（3）展开想象力——广义的肌理

图 2-68 案例是从广义上对肌理的运用，例一利用穹顶的投影在建筑表面和地面形成有规律的影子，将整个空间统一在相同的肌理下，从而很好地调和了老建筑和新建筑的风格差异，很自然地在老街区中形成了新老共生的整体空间。例二的图书馆内庭，用大体量的书架形成建筑肌理，很好地诠释了建筑的主题，也通过体量的放大，形成心理反差，极其震撼人心。



### 7. 理念与设计思路

能够认识到肌理内部的强相关结构，进而能从宏观和微观两个层面统一地看待产品的表面肌理，灵活地将外观、功能、材质、环境等物质的和非物质的要素建立联系，创造出新颖的设计方案。

### 8. 与其他知识点的联系

同形异构、强相关性、形的结束处

图 2-68 广义的肌理

# 2.4 边界



## 2.4.1 导论

一个“形”天然具有边界，但这些天然的边界只能给出一个普通平庸的造型形式，我们显然不满足于此。

一篇文章由一系列段落组成，段落之间的前后关系、逻辑关系非常简单明了，但一篇文章的内在结构却远远超过这些表面关系：有一些或明或暗的线索跨越段落的边界互相交联；有一些象征性的符号、细节遥相呼应；有一些意味深长的意蕴不断重复、递进，进而促进了主题的升华，这些隐性的内在结构关系不受段落结构的局限，使得文章在读者的解读下形成更复杂的文本体验。

与文章类似，一个造型由一系列基本形围合而成，我们必须打破基本形之间天然的、固有的边界，在造型文本的内部、游刃有余地、在既有边界之间穿梭、关联、打破、重塑。这就是“边界”这一节的意义所在。如果说基本形、强相关性等文法体现了产品造型文本的“结构主义”倾向，“边界”的加入则试图消解这个倾向，用“解构主义”的价值观来避免结构主义对产品形式结构认知的单一和僵化，推动结构内涵的演进。

从边界的生成、转化来看，最基本的手段就是分与合。分分合合是事物内部和外部系统最基本的转化形式，这是一切形式最基本的产生依据。因此，运用边界的观点来进行形式创作和设计的基本方法就是：再分、整合。

另外，将原有的边界关系加以选择性的强调和重构也可形成新的形式结构。因此，我们还可以通过强化、超越等方法来创造形式新的内部关系。

综上，我们将在接下来的篇幅里面介绍四种基本的边界法造型思路：再分边界、整合边界、强化边界、超越边界。最后，我们将边界视为要素，对产品上所有的边界进行整体的调整——归纳和演绎，归纳是为了合并相关度高的边界，形成清晰的框架；演绎是让每一条边界都根据它与产品的关系进行有针对性的表达，具有自己的个性。

本项目的训练目的是建立“边界”的概念，明确“边界”是产品造型文法的基本文法之三，并能把边界的内涵和之前的基本形、强相关性、形的结束、连接、肌理等文法及其中的原理、知识点建立映射关系，将之前的设计训练集成到“边界”的层面，能够做到牵一发而动全身，游刃有余地驾驭造型设计语言。

通过边界的设计训练，体会“设计感”的来源之三。

### 2.4.2 课题 1 再分边界

#### 1. 课题描述 1

将产品某个局部进行简单再分，与整体形成虚实对比的关系，进而形成简洁独特的形式感。

#### 2. 设计要求 1

（1）手法简单，效果突出，能够通过分割形成新颖的结构。

（2）形式与功能有机结合，没有额外的装饰或者机械的拼凑。

（3）对“分”的概念有独到的理解，形式语言有解构性、探索性。

#### 3. 知识点 1：简单再分

在基本形的某个局部进行再分，即可与其他部分形成虚实对比，改变整体造型的结构形式。这种变化可以与“异形同构”、“同形异构”、“强相关性”、“形的结束”、“肌理”等造型文法产生类似的结果，事半功倍、殊途同归。简单的边界分割不仅能改变产品的形式感，同样也是解决功能问题、工艺问题、交互问题等有效的手段。

#### 4. 设计案例解读

如图 2-69，例一将大块浴巾再分为小块，不影响原本的功能，在用旧后可以分成小块用作其他用途，简单的再分也在形式上形成独特的产品形象。类似的结构在例二的橡皮设计中也有体现，分成多个单体的橡皮，有了更多功能性的“结束”——尖角，实用性大大提高，也便于随时与他人分享。例三通过将连续的胶带再分成一定单位长度的片段，通过哒哒的声音就可以“听”出胶带的长度。

如图 2-70，将外壳简单分割为方形阵列，在光线下形成不同明暗的肌理，简洁而独特，极富数码科技的设计感。

如图 2-71，在镜子上进行了极其大胆的分割。

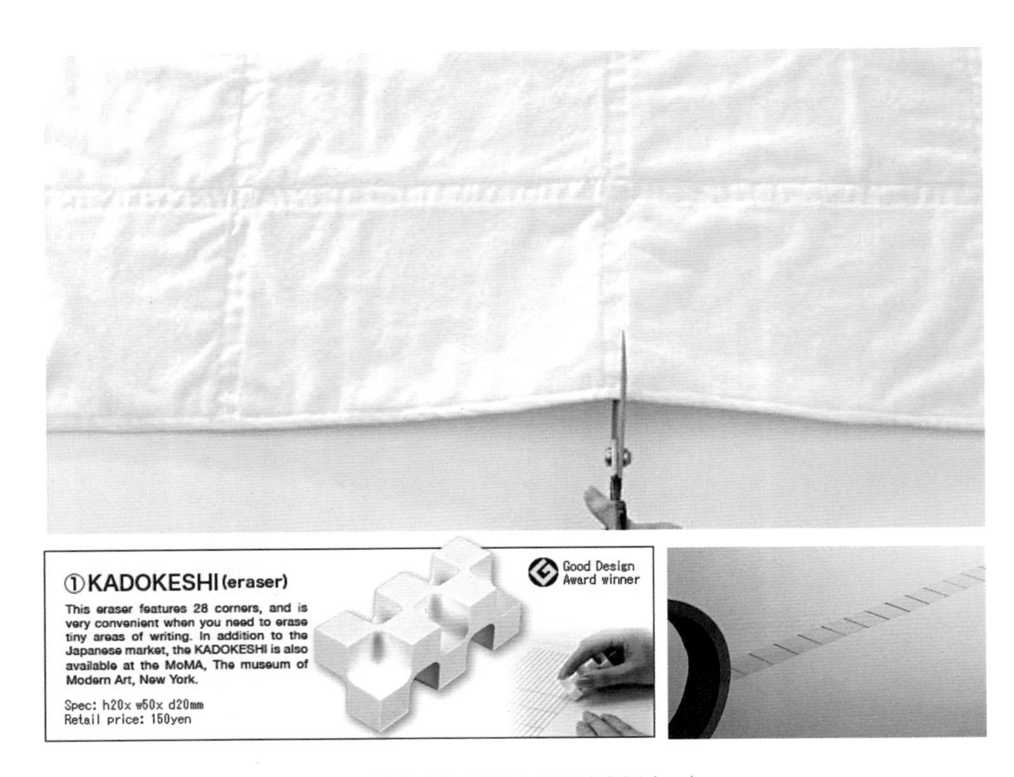

①KADOKESHI (eraser)
This eraser features 28 corners, and is very convenient when you need to erase tiny areas of writing. In addition to the Japanese market, the KADOKESHI is also available at the MoMA, The museum of Modern Art, New York.
Spec: h20x w50x d20mm
Retail price: 150yen
Good Design Award winner


图 2-69 再分边界设计案例（一）

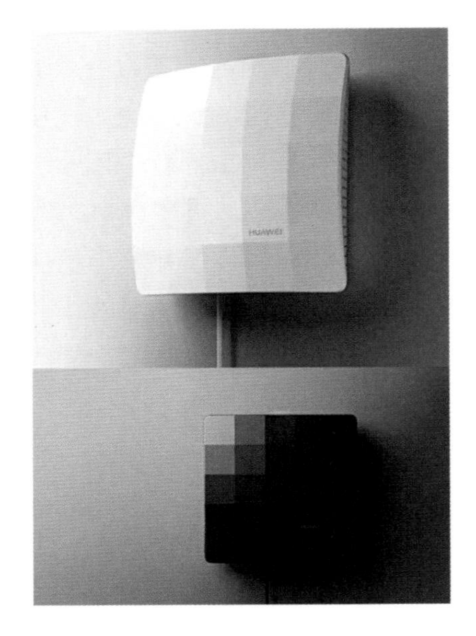

图 2-70 再分边界设计案例（二）

图 2-71 再分边界设计案例（三）

### 5. 教学示例

如图 2-72，在产品面板上进行再分，有效地区分不同的功能区。其中第一个案例，彩色 LED 灯具遥控器的面板分割形成凹槽，刚好作为面板和后壳的连接结构。第二个案例，光伏发电并网断路器，面板加宽后为了解决大面积的空白问题，采用再分边界的方法，用分割的边界来组织要素，空白部分与其他功能区域形成对比与统一的整体结构，避免为了填充空白而增加无谓的设计要素，保持了整体的简洁风格，巧妙地化解了空白区域过大的问题。

如图 2-73，USB 延长线设计，上壳进行边界再分，与下壳形成对比。分成两半的上壳有按键、夹子的隐喻，很好地将两端的线缆联系起来，使得这个只有保护功能的外壳更好地与线缆整体结合起来，形式上简单而又有逻辑。

如图 2-74，在小鸟的颈部进行大胆地再分，突出了头部的灵活，赋予了简单的形态中一丝生气。

如图 2-75，在拐杖的颈部进行再分，区分和界定了手柄的部位，让简单的形态具有了结构感，并且利用分割线的弧形区域设计了 USB 接口，使得造型细节更紧凑。



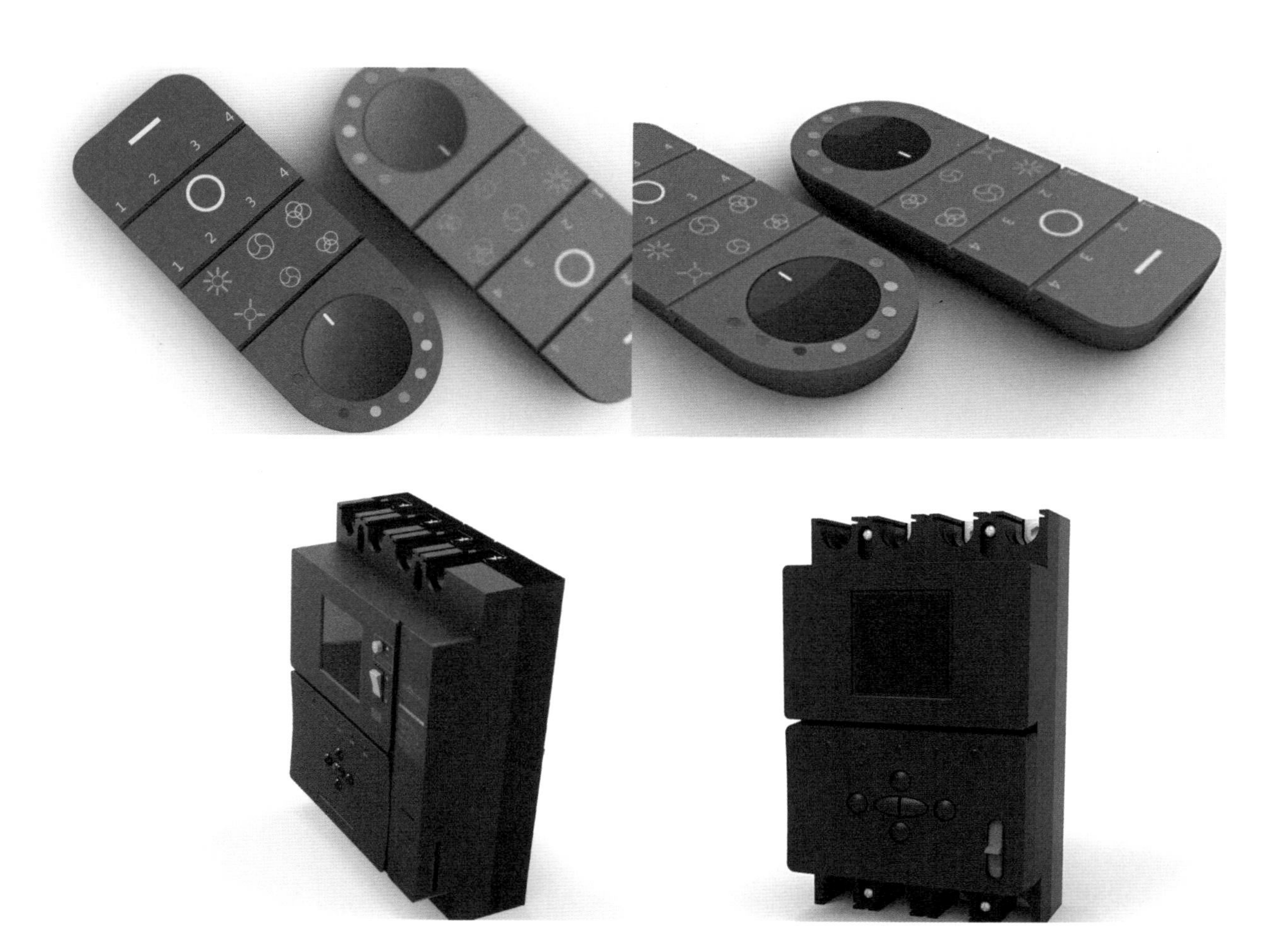

图 2-72 再分边界设计案例（设计者：傅桂涛）

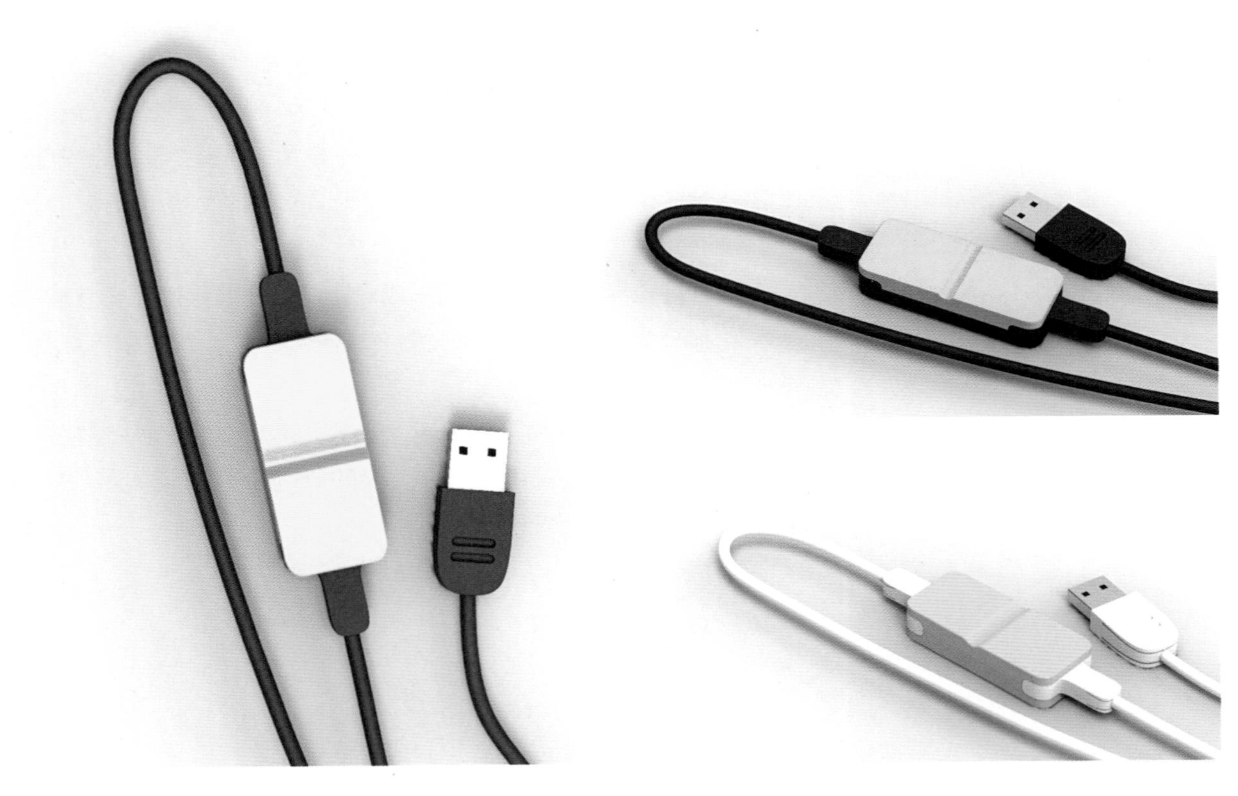

图 2-73　USB 延长线（设计者：傅桂涛）

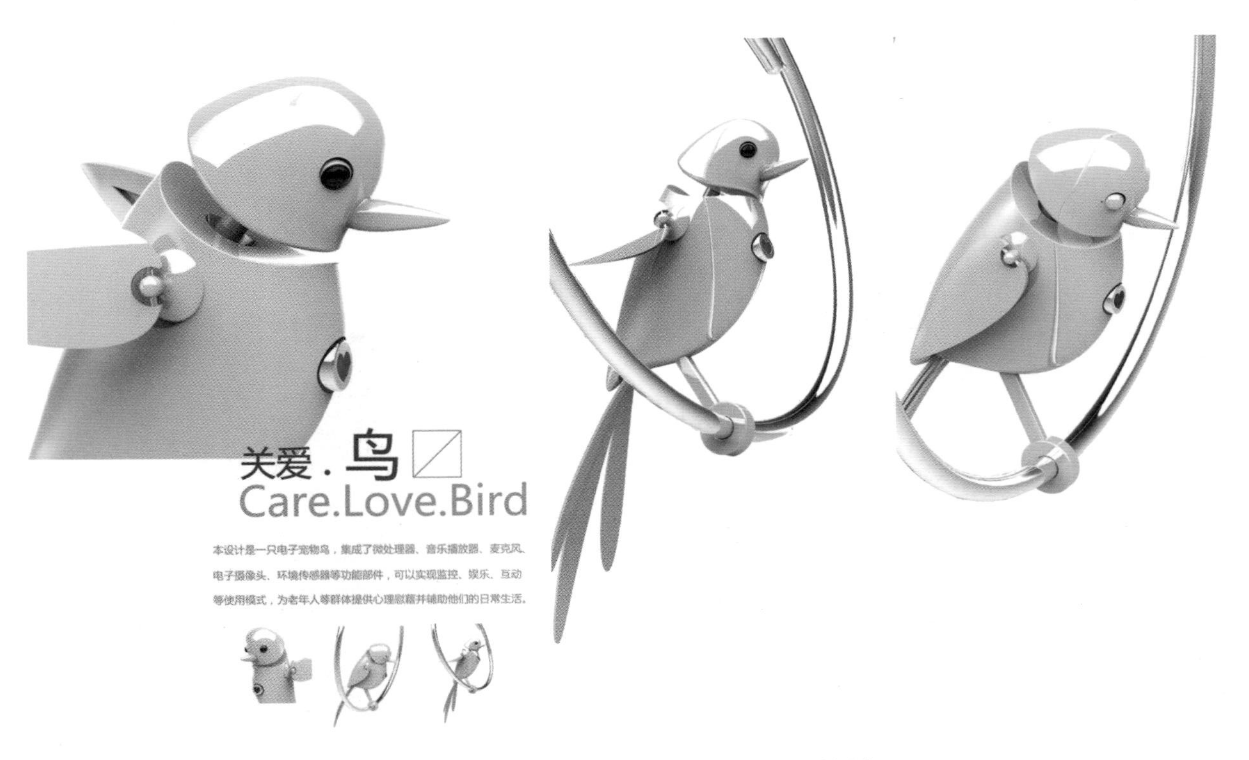


图 2-74　关爱鸟（设计者：周倩 / 指导：傅桂涛）

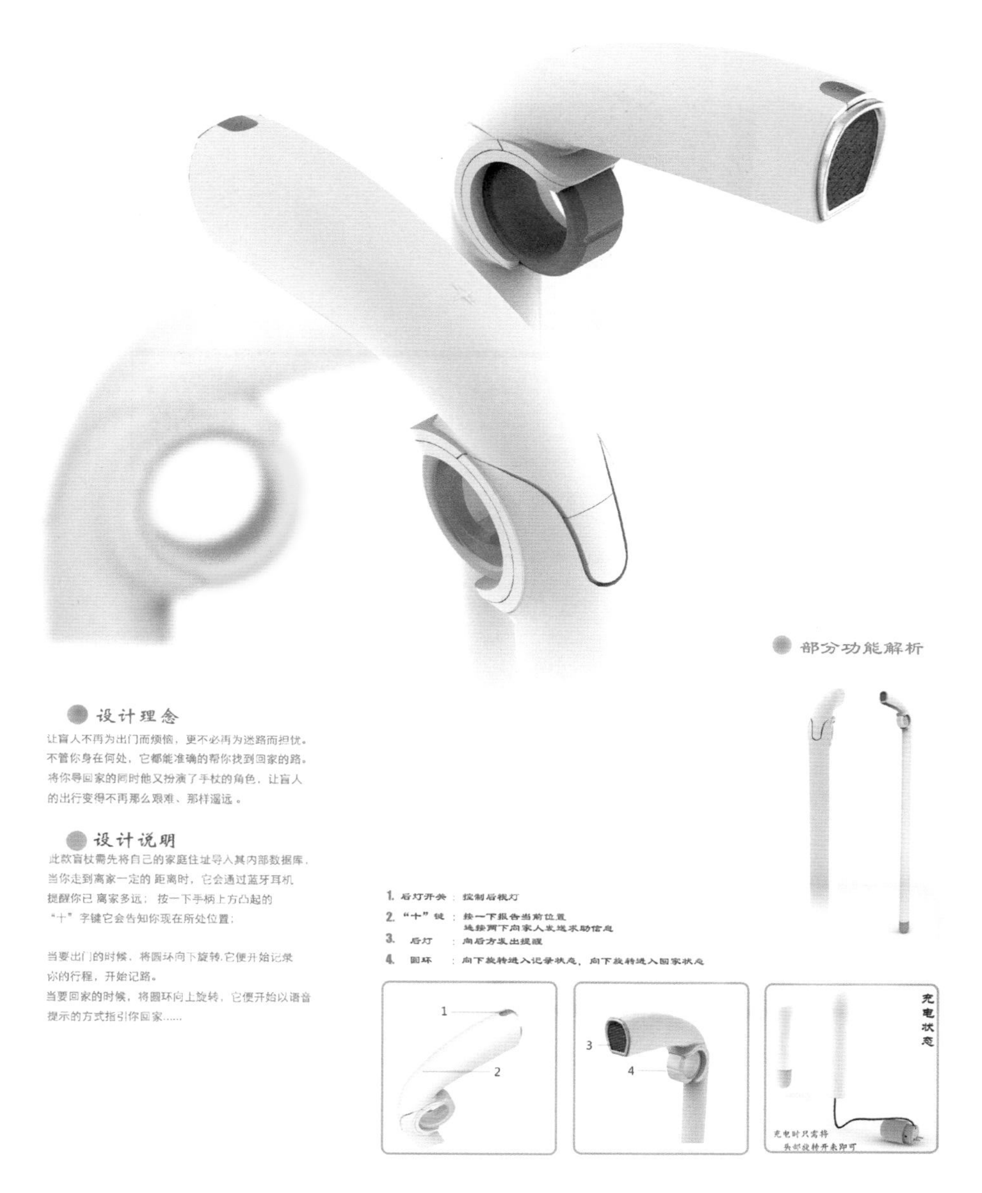

部分功能解析
设计理念
让盲人不再为出门而烦恼，更不必再为迷路而担忧。
不管你身在何处，它都能准确的帮你找到回家的路。
将你导回家的同时他又扮演了手杖的角色，让盲人
的出行变得不再那么艰难、那样遥远。
设计说明
此款盲杖需先将自己的家庭住址导入其内部数据库，
当你走到离家一定的 距离时，它会通过蓝牙耳机
提醒你已 离家多远；按一下手柄上方凸起的
“十”字键它会告知你现在所处位置；
当要出门的时候，将圆环向下旋转.它便开始记录
你的行程，开始记路。
当要回家的时候，将圆环向上旋转，它便开始以语音
提示的方式指引你回家……
1. 后灯开关 ：控制后视灯
2. “十”键 ：按一下报告当前位置
连按两下向家人发送求助信息
3. 后灯 ：向后方发出提醒
4. 圆环 ：向下旋转进入记录状态，向下旋转进入回家状态
1
2
3
4
充电状态
充电时只需将
头部旋转开来即可


图 2-75　导航盲杖（设计者：宋洪涛 / 指导：傅桂涛）

## 6. 学生作品

如图 2-76 所示，案例均为数码相机造型设计学生作业，例一将数码相机前面板进行简单再分，并将每一个单体都作为摄像头和感光元件，形成“复眼照相机”的概念，极大地改变了产品的结构和功能，这种概念的颠覆性创新与简单的造型设计语言之间形成巨大的反差，可以体会到“再分边界”对传统产品结构的解构作用是巨大的。例二则通过再分边界形成一组半圆柱形结构单元，体现了将产品进行模块化设计的概念，并且起伏的表面赋予相机更好的握持手感。

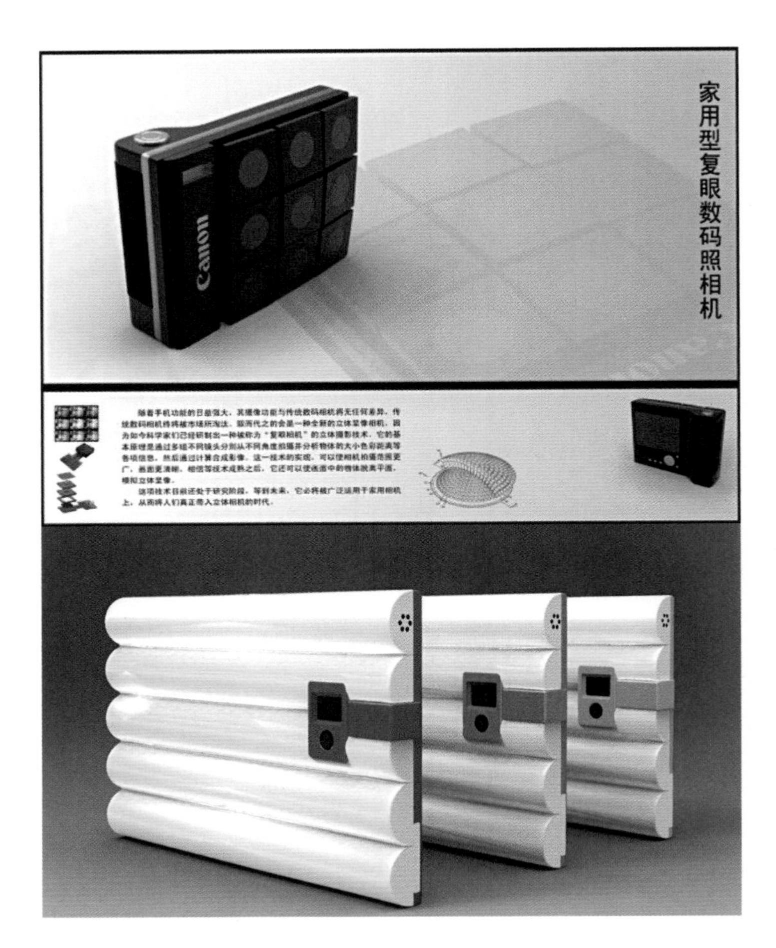


图 2-76　数码相机设计课程作业

### 7. 知识点 2：解构性再分

简单的再分边界是在平淡的地方进行再分，力图打破这种平淡，并把形式和功能、工艺、交互等要素结合起来。如果在造型的节点处进行分割，则会在简单的形体中释放或者创造出新的结构。这就要求我们能够识别出形态中的节点。显然，节点并不单纯是造型上的概念，也是功能、工艺、交互等意义上的节点，把造型和以上要素结合起来思考，就容易找到解构性再分的节点。

### 8. 课题描述 2

将产品进行解构性再分，形成全新的结构和造型特征，并与产品的功能、材料、工艺、交互等维度有机结合。

## 9. 设计要求 2

（1）手法简单，效果突出，能通过分割形成新颖的结构。

（2）形式与功能有机结合，没有额外的装饰或者机械的拼凑。

（3）对“分”的概念有独到的理解，形式语言有探索性。

## 10. 设计案例解读

如图 2-77 所示，例一为绕线器设计，在看似没有空间的地方进行边界再分，为绕线提供了全新的空间。这个新结构使得绕线并不增加体积，方便携带且隐藏的电线不会和其他物体缠绕在一起。例二中水龙头设计利用边界再分改变的不只是产品形态的内部秩序，而是在实体形态和流动的水之间建立了新的秩序，进而赋予水流全新的形态。在中空的长方体上开孔——不同于常规的位置，中空的部分便具有了新的结束——不再是结束在长方体的截面处，而是结束在内部。水流也不再是实心的水柱，而是中空的“水管”。打开这样的水龙头，流淌出的绝不单单是水，还有意境。



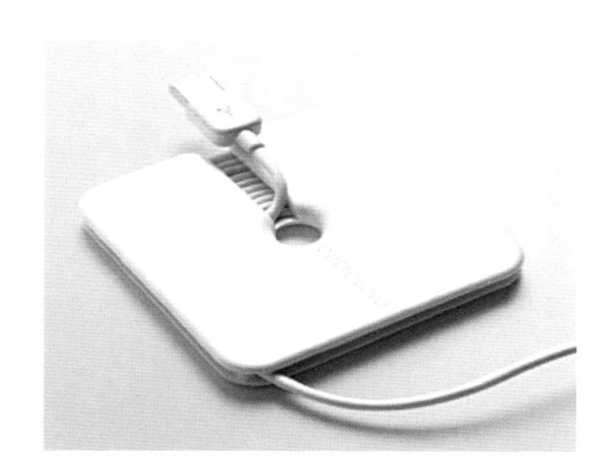

图 2-77 解构性再分

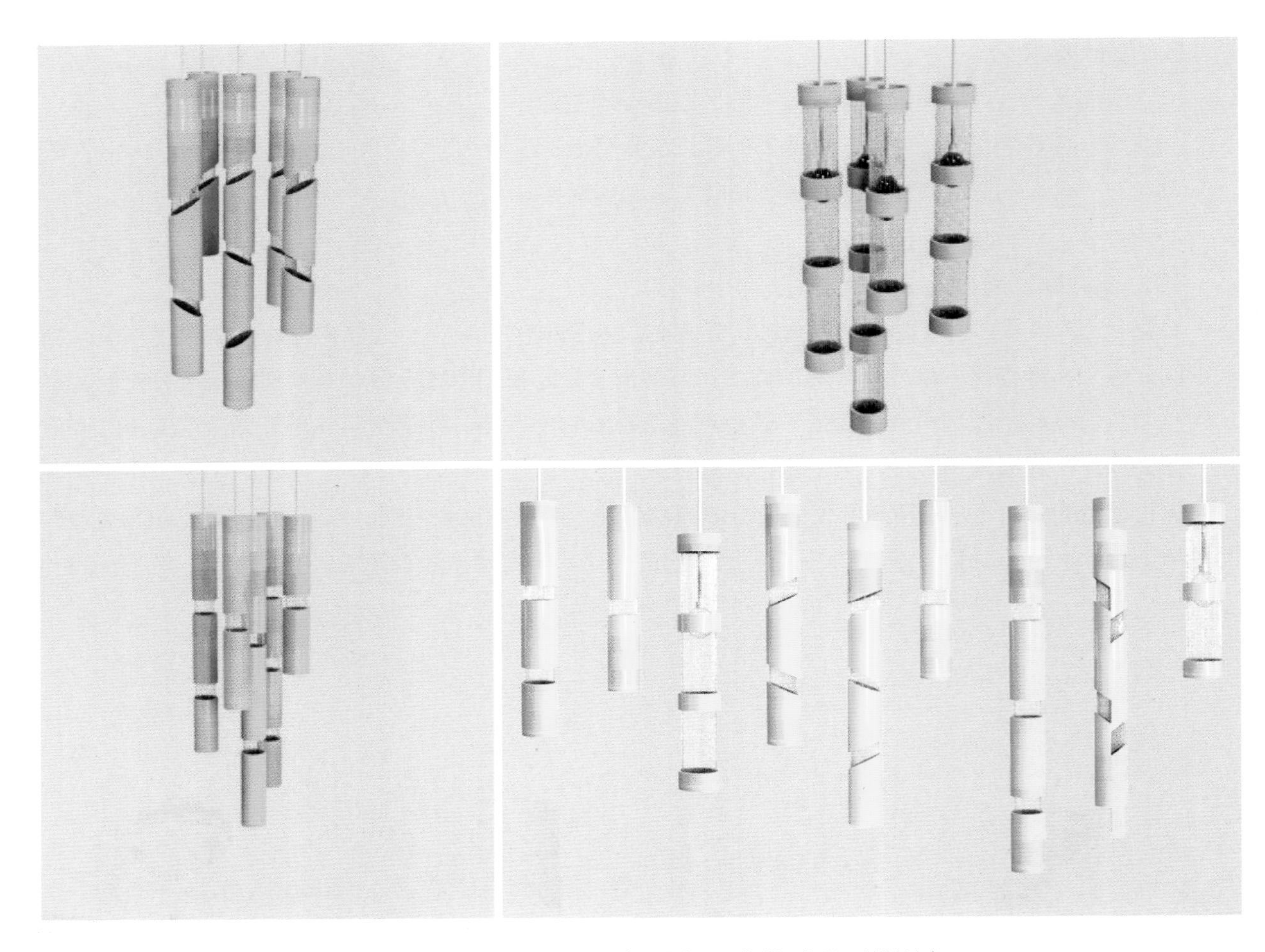

图 2-78　原竹吊灯系列设计（设计者：潘舒馨 / 指导：傅桂涛）

### 11. 学生作品

如图 2-78 所示，利用不同的再分形式，将竹筒进行解构，形成不同的灯具设计方案。这些分割形成的虚实相间的结构，让造型和光影之间形成多变的组合关系，更抽象、更艺术化地表达了“竹节”这一元素与灯具设计的结合。

### 12. 理念与设计思路

再分边界不是为了分而分，分是为了制造变化，发现机会。一分为二，就出现了虚实相间的片段和整体，出现了节奏和韵律。这里面的关系、结构、空间既可服务于形式感的创新，也可以同时容纳功能、工艺、交互等诉求。这大概也是《道德经》中所说的“一生二，二生三，三生万物……”的玄妙所在吧。

### 13. 与其他知识点的联系

同形异构、强相关性、形的结束、连接、肌理

### 2.4.3 课题 2 整合边界

#### 1. 课题描述

通过将产品不同部件的边界进行整合，形成独特的造型特征和物理结构，使形式与功能有机结合。

#### 2. 设计要求

（1）通过整合边界直观地改变了产品固有的形式感。

（2）形式与功能有机结合，没有额外的装饰或者机械的拼凑。

（3）通过整合形成新颖的物理结构，极大改变了产品的工艺性或者使用体验。

#### 3. 知识点 1

**整合边界**

再分边界就像影片的分镜，将一个平淡的事件转变成节奏明快、层次分明、极富结构形式感的审美对象。与此相反，整合边界重新整合产品原有的片段以形成新的秩序，将原本离散的片段整合成连贯统一的形式，并且这个新的形式与原有的实体片段有本质的不同，从而形成全新的独立形式。

**线性整合**

将产品不同部件的轮廓线或者其他结构线进行连接整合，形成整体的线性轮廓，进而改变整体结构和造型特征。

如图 2-79 所示，将产品不同部分的边缘简单的连贯起来，形成统一的边缘轮廓，就可以形成独特的形式感。

图 2-79　线性整合

**4. 教学示例**

如图 2-80 方向盘设计，将不同材质、不同功能的产品部件通过轮廓线的整合形成紧凑的整体，达到对立统一的形式效果。

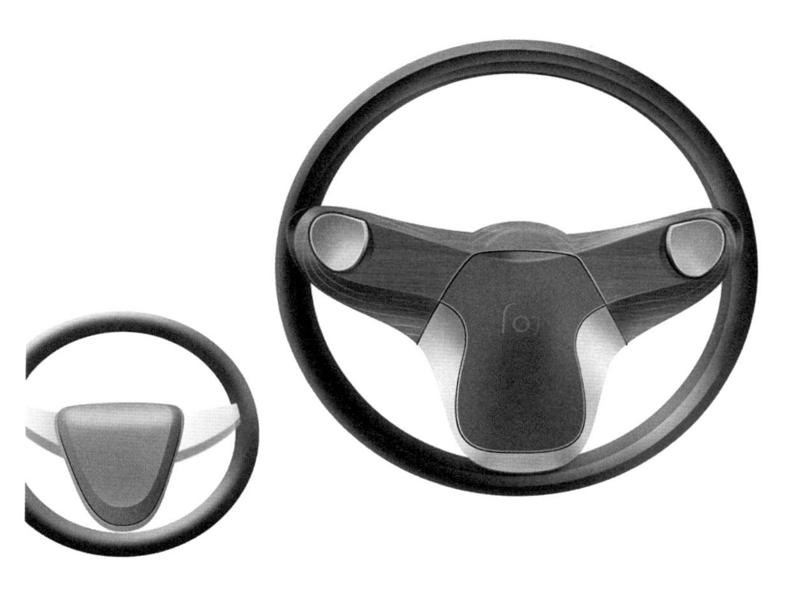

图 2-80 方向盘（设计者：傅桂涛）

## 5. 知识点 2：结构性整合

在线性整合中我们关注的是具体的线条，结构性整合则是通过一个主体结构把产品不同的部分整合起来，形成一个整体。这个整体结构很好地体现了轮廓上的相似而又虚实对比的强相关性，使得整体造型简洁紧凑而又层次分明，有很强的结构张力（图 2-81）。

## 6. 案例解读

如图 2-81 所示，案例的共同点是将产品的不同构件统一在同一个框架结构中，通过整合使得产品结构趋向“一分为二”的格局——或者是框架包围着实体（前四个案例），或者是将产品整合为框架结构（第五个案例）。这种手法将一些细碎的部件整合在一起，结构简洁清晰，同时框架起到重新勾勒产品形态结构的作用，让产品的形式特征更突出，有时也在工艺性、功能性等方面有特殊的意义。例如第五个案例的电话座机设计，结构整合后形成一个简洁的环形，除了外观独特优美、拿取话筒更加便利外，这个环形结构甚至可以起到共振空腔的作用，让电话铃声更加响亮。从强相关性的角度讲，这个三角形的框架中两个边是整体固定的，一条边是可以移动分离的，在相同的形状中体现了虚实、动静的对比，又完美地结合了功能性，且没有一丝多余的装饰、没有一点缺漏，这是产品形态文本独特的审美特质——这种美既区别于工艺品也区别于机器，使得产品成为一种独特的文化现象和文本体系。

图 2-81　结构性整合设计案例

### 7. 知识点 3：融合

整合边界到极致就是融合——把产品不同部件融合为一体。这既体现了相应的材料、工艺技术的提高，也让产品形式达到纯净简单的审美境界（图 2-82）。

图 2-82　边界融合设计案例



### 8. 教学示例

如图 2-83 所示的时钟设计，将表盘放到指针的外侧，并且采用了弹性的膜结构，所有部件都融合为一体，指针形成的突起随着时间在圆形鼓面上移动，好像沙丘的缓慢推移，随之光影也在变化，时间与空间、光阴的关系被诠释出来；针尖与柔软的鼓面之间紧张的对立，以及由此产生的柔和细腻的形体和质感，充满矛盾和调和的朦胧意味。

图 2-83　钟（设计者：傅桂涛）

### 9. 理念与设计思路

“分”，要在刚硬平整处大胆分割；“合”，要把对立的、零散的大胆结合，甚至融合。这样就容易打破产品固有的结构体系和形式格局，形成新颖的造型和更有实际价值的结构。

### 10. 与其他知识点的联系

同形异构、强相关性、形的结束、连接

## 2.4.4 课题3 强化边界

### 1. 课题描述

在产品的某一边界处，用色彩、材质、功能等多种手段进行强化，使之脱颖而出，进而改变产品原有的结构和造型特征。

### 2. 设计要求

（1）边界选择合理，能在产品的主要形式节点和功能、结构等关键节点处进行针对性强化设计。

（2）边界的强化手段新颖，效果突出。

（3）形式与功能有机结合，没有额外的装饰或者机械的拼凑。

### 3. 知识点：强化边界

强化边界是通过对色彩、材质等的强调或者把产品有价值的要素向边界处集中等手段，让某一条边界成为视觉焦点或者结构中心，这既改变了产品的形式感，也能创造性地改变产品的结构、工艺并使其有功能上的变化和提升。前面讲到的“再分边界”和“整合边界”也可以用于对边界的强化。

### 4. 案例解读

如图2-84将灯光集中在灯罩的边缘处，很好地诠释了新光源技术，也让传统的灯罩和新形式光源之间产生戏剧化的对比，简洁而独特。

如图2-85将表的刻度集成在表盘的边界处，简单纯净但又别出心裁，多边形边缘的节奏感也让简洁的造型不至于单调。

如图2-86利用边缘的轮廓形成灯具的图案，简单又巧妙，用极简的结构表达经典的台灯形象，充满戏剧感。关键的是，以上这些很好地利用了光线的反射、材料的透射来将光线隐藏、柔化，很好地和灯具的功能结合起来。

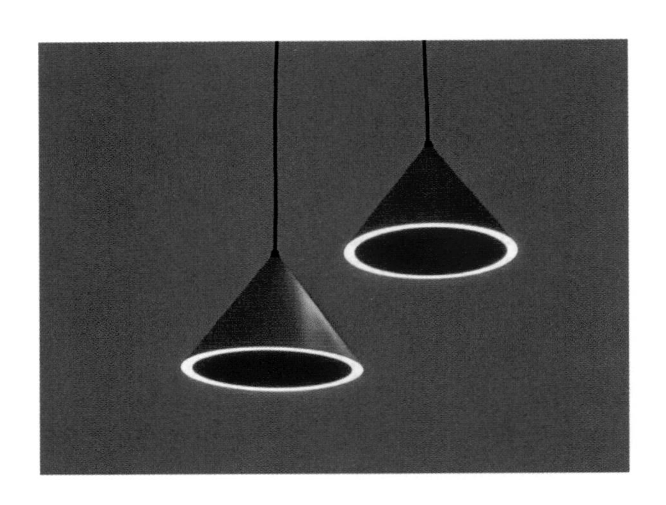

图2-84 强化边界设计案例（一）

图 2-85 强化边界设计案例（二）

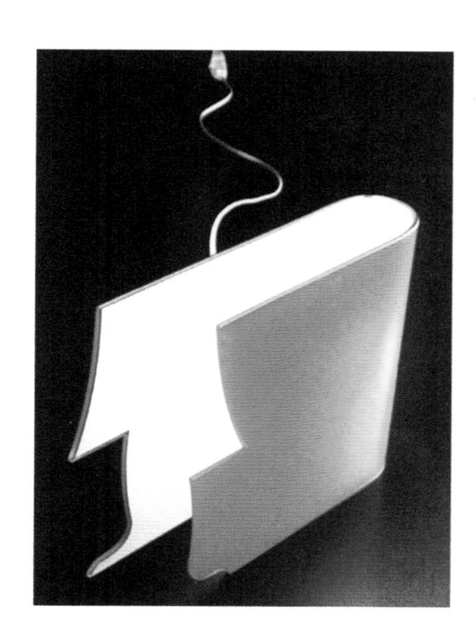

图 2-86 强化边界设计案例（三）

图2-87　车载空气净化器（设计者：傅桂涛）

### 5. 教学示例

如图 2-87 为车载空气净化器设计，扁平的造型保证了较低的重心，形态简洁光滑提高了安全性，作为主要功能结构——进气口和出气口分别设计在方盒子的两处边缘处，像是打开的盖子。整个造型没有任何多余的装饰，只是靠两条边界的处理来形成独特的结构特征，并严格追随功能诉求。

如图 2-88 为盲人手杖设计，在指环与手杖结合的边缘以及手柄末端的边缘处均用再分边界和材质对比的手段加以强化，分别表达了“连接”和“形的结束”的造型语言，使得结构感提升，亮点突出，也结合了功能和装配的实际需要。

如图 2-89 为数码相机设计的学生作品，通过变形、材质、色彩等手段突出强调产品的某一条边界，并尽可能把产品的功能要素集中在这个边界处，形成产品独特的形式感。



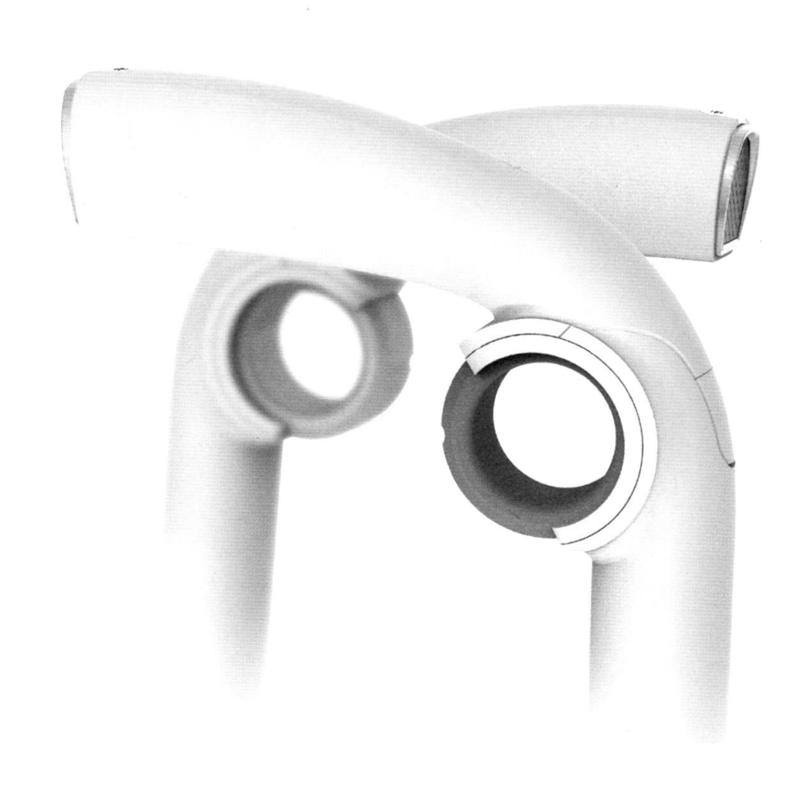

图 2-88 导航盲杖（设计者：宋洪涛 / 指导：傅桂涛）

图 2-89 数码相机设计（设计者：郑海敏等）

### 6. 理念与设计思路

边界就是结构的关键节点，是“关”、“节”。这些地方既影响造型的观感，也与产品的功能、材料、工艺、装配甚至交互息息相关，每一个产品总有一些重要要素是和边界有关的，那么，针对这个边界进行造型的、功能的、工艺的设计，就起到了强化的作用，让造型重点突出，特征鲜明。

### 7. 与其他知识点的联系

同形异构、强相关性、形的结束、连接

## 2.4.5 课题 4 超越边界

### 1. 课题描述

大胆打破产品原有结构边界，能够突破固有界限重新组织要素，形成新的结构形式。

### 2. 设计要求

（1）主题突出，结构新颖。

（2）形式与功能有机结合，没有额外的装饰或者机械的拼凑。

（3）思维的发散性——能将形式和材料、环境、主体等要素有机结合。

### 3. 知识点：超越边界

超越产品实体原有的块面界限，使得不同部分之间互相渗透、穿插，丰富了形态的层次感，从这个角度上说，超越边界与“连接”在内涵上有较高的关联度（如第一组案例图 2-90 所示）。还有一种情形是指产品的某部分超越常规的尺度，从而打破原有边界关系，形成新的结构形式（如第二组案例图 2-91 所示）。

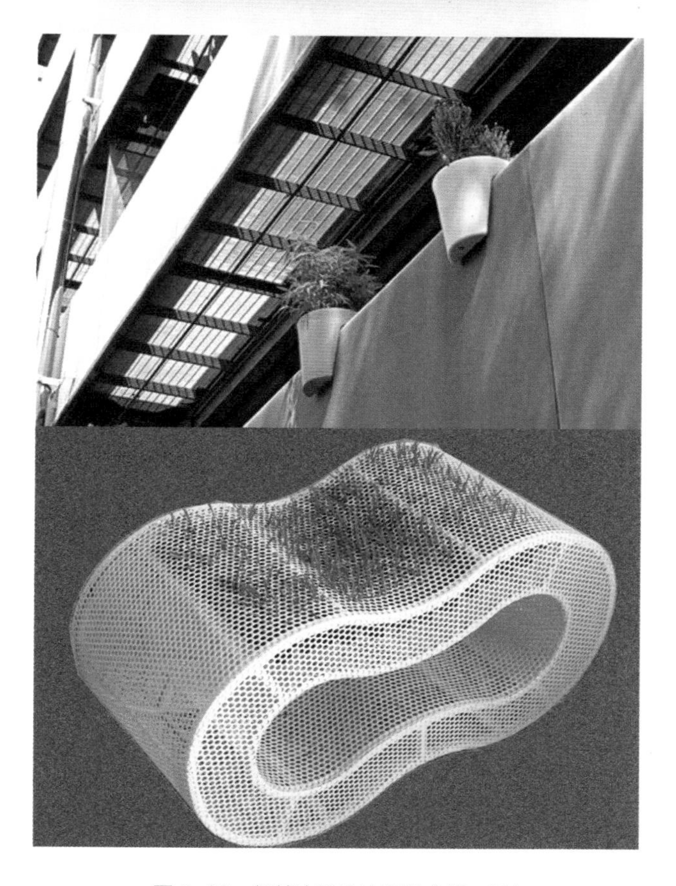

图 2-90 超越边界设计案例（第一组）

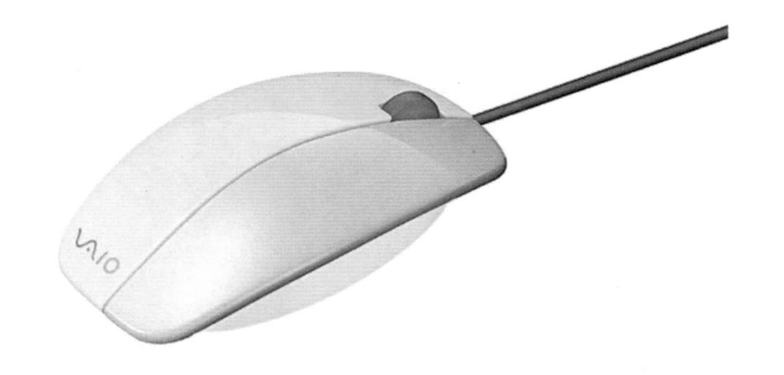

图 2-91 超越边界设计案例（第二组）

### 4. 理念与设计思路

超越边界有着强烈的解构倾向，重在打破原有的各部分的界限，形成全新的形式感和物理结构，进而改变产品的功能和体验等多种价值。

### 5. 与其他知识点的联系

同形异构、强相关性、形的结束、连接

## 2.4.6 课题 5 边界的归纳与演绎

以上四种边界文法是针对产品的某个局部甚至某一条边界来谈的，当从总体上把握产品的所有边界的时候，要有布局谋篇的章法，这个章法就是“归纳与演绎”。

### 1. 课题描述

通过归纳来理顺边界的关系，形成清晰的造型结构和特征；通过演绎让边界的造型语言具有多样性，让简单的基本形因为边界的多样化而形成丰富的形式感。

### 2. 知识点 1

**边界的归纳**

边界的归纳就是把产品上的所有边界进行归类、整合，形成一个有逻辑的整体，哪些可以合并，哪些可以成组，哪些可以独立等。通过归纳组织，让这些边界各得其所，主次有别。

（1）整合归纳

整合边界的手段可以用来归纳产品的边界，形成整体性的框架，使得产品形式简洁，结构清晰。如图 2-92 所示，例一通过将汽车车身的不同部件进行边界整合，归纳为三条主线，将多个不同部分整合在一起，线条简洁，动感强烈。例二和谐号车头的边界也进行了整合归纳，不同部件归纳在两条平行的边界中，整个车头形成三个平行的区域，简洁大气。

（2）交错归纳

利用交错在边界之间制造疏密有致的秩序，肯定、果断的交错可以有效避免形式要素松散、杂乱的现象，并同时体现出要素之间的群组关系、操作逻辑关系等（图 2-93、图 2-94）。

（3）相关归纳

相关归纳就是突出不同边界之间的相关性，一种是体现亲疏感，如相吸、相斥、契合的关系；一种是体现几何关系，如平行、垂直、相切、同心等。不管是哪种关系，相关就会让边界之间的关系更近，进而形成整体，与产品的其他要素区分开，从而体现出必要的层次感，形成视觉的焦点（图 2-95）。

图 2-92 整合归纳

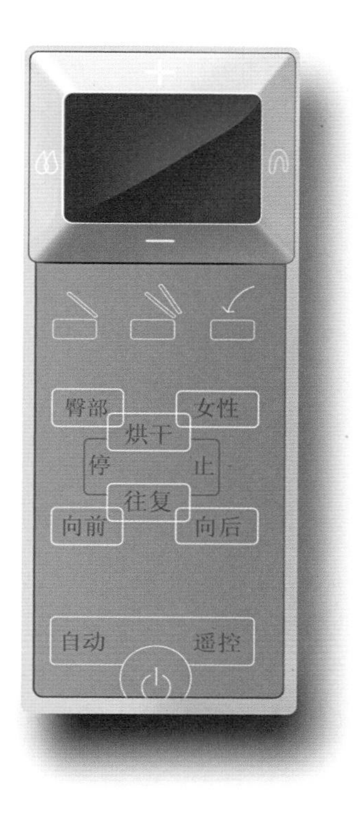

图 2-93　智能马桶遥控器（设计者：傅桂涛）

图 2-94　交错归纳案例

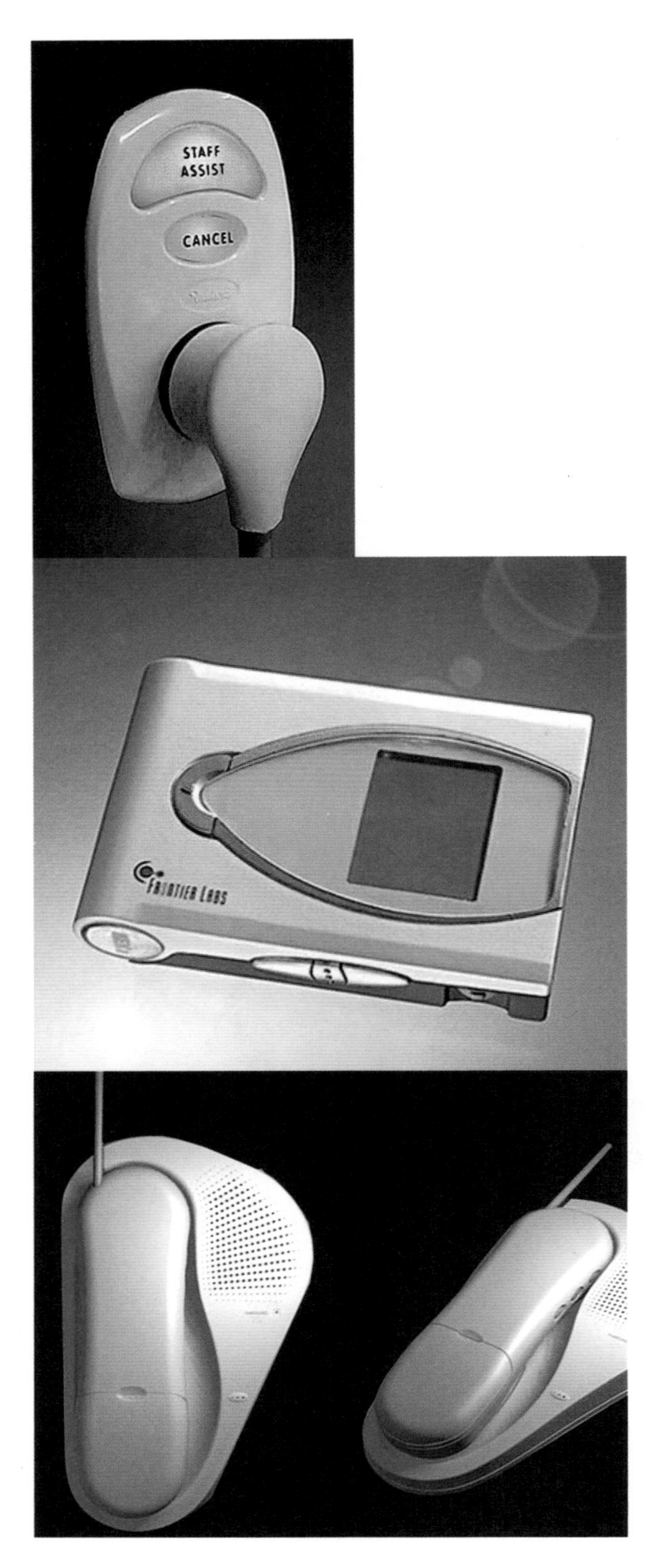


图 2-95 相关归纳案例

### 边界的演绎

边界的演绎是指对于一个产品来讲，其上面的每一条边界都应该有个性。从形式上说，有个性的边界彼此区分，在产品总体形状不可能太复杂的现实情况下，多变的边界可以让造型层次丰富；对于产品的功能、材料、工艺、交互等维度来说，产品每个不同的边界都对应着以上这些具体的要求，针对不同的设计要求，对每一条边界进行有针对性的设计，使得设计更深入、细节更有说服力。

因此，产品的形态可以很简单，但它的各个边界一定是形式多样的，这就是边界演绎产生的多义性。而反之，如果一个产品的形态很复杂、要素很多，但边界却都是雷同的，那这个产品一定既不是一个美观的产品，也不是一个好用的产品。

## 3. 案例解读

如图 2-96 所示，例一为几组同心圆构成的吸尘器造型，在边界的形状上都是相同的，而且同心的几何关系体现了边界的归纳，让造型简洁纯净；但每一组圆形的边缘形式、结构等都是不同的，这就体现了边界的演绎，让多样化的边界形式赋予造型丰富的层次感。例二的门缝处的边界设计为虚线，与其他线条形成差异，也体现了边界的演绎，让平淡的造型在细节上体现了内涵——看上去像是没开封的包装盒。

图 2-96　边界演绎案例



## 4. 教学示例

如图 2-97 所示为某品牌 Van 车型的改款设计，纵贯首位的分割边界使得上下车身形成凸凹相对的强相关结构，成为整体造型的主题。沿着这一条边界，进气口、尾灯、尾门盖板等部件的边界都整合在一起，后保险杠上沿、白色尾灯组整合后再与上述主题边界归纳形成统一的秩序。再分一整合一归纳，使得整体造型具有了自己的特征，也很好地组织了各个要素。前脸部分则体现了对大灯部位的边界强化，突出了立体感，详见后续分析。

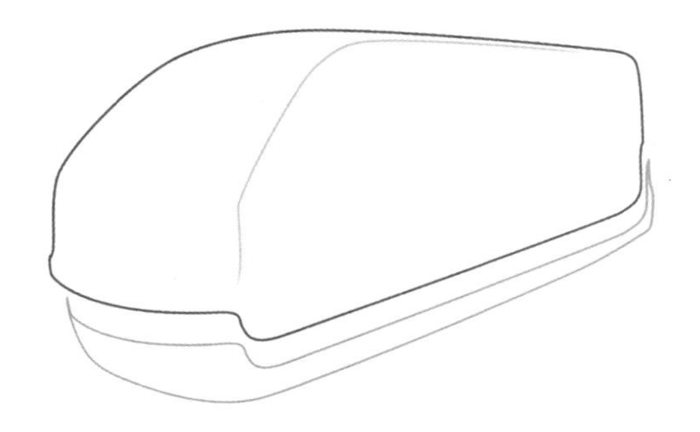

图 2-97 Van 改款车型（设计者：傅桂涛、贾伟平）

如图 2-98 所示，这三款不同的车型在前脸部分的设计充分体现了边界文法与造型结构、造型特征的关系。从总体结构来看，它们都采用了将大灯与格栅整合成一个完整轮廓的结构形式（整合边界），这种关系和秩序使得它们在总体形式上有一种相似性。而在这个主体结构之中，它们却分别采用了不同的手法来处理局部的边界特征。为了增加造型的立体感、丰富形式的层次，Golf6 将这个整体轮廓的下边缘进行了强化，造成了前后的进深结构关系，这个结构形成了下缘切面的特征；而前述的 Van 则在这个轮廓的上缘进行强化，形成类似眉骨一样的立体结构；Jeep 则是运用边界的交错归纳在车灯与格栅的两个交界处形成立体的进深结构。

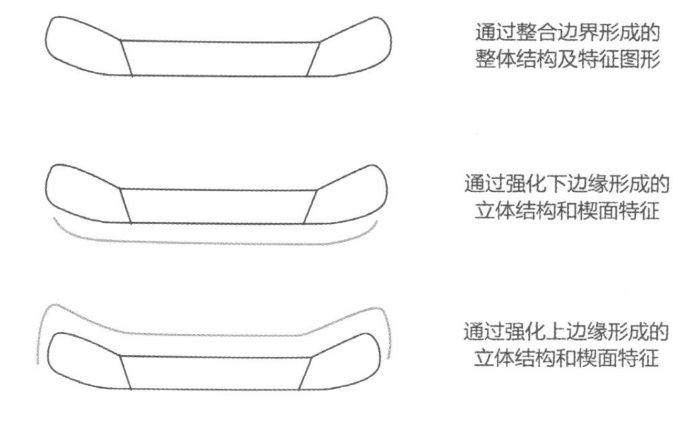


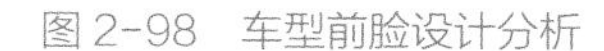

图 2-98　车型前脸设计分析

# 2.5 态

## 2.5.1 导论

“态”相对于“形”来说意味着两层含义：一是更强调“状态”、“态势”，从动态方面关注一个造型的发展变化趋势；二是相对于“形”强调理性的组织结构来说，“态”更注重感性的“神态”、“姿态”、“情态”等心理感受。

本项目首先讨论“形”的方向性，也就是一个静止的“形”如何具有了某种确定的变化趋势。接下来我们进一步讨论塑造形态的“力”的方向性以及“力”的感性特征——表情。

“形”的方向性产生的原因可以是由于对称或平衡被打破、可以是由于线条或图形的视线引导、可以是表面的凸凹进退营造出的方向感、也可以是结构中的虚实关系产生的对比。当然，产生方向感的机理远远不止这些，强调形态的方向性是为了形成一种关注造型“态势”的意识。其实造型的方向性是很直观的现象，涉及的原理也不复杂，只要有意识地去关注这个点，并及时调整造型要素，都可达到不错的效果。

力的方向性来自于这样一个基本假设：所有真实形态都是力的作用平衡的产物，形态是力塑造的。那么，在力学上力的大小相等、方向相反就可以塑造并维持一个稳定的形态，但是按照矛盾是不断转化的这个哲学观点，总有一个力是主导着矛盾转化方向的，这种主导性就体现为形态中隐含的方向性。

力的表情则是由于力作用于物体时会有各种复杂的具体情形，这些作用方式会改变物体上局部的形态特征，就像人面部的肌肉作用于皮肤后形成的表情那样。力可以均匀地作用于实体的每一个原子，例如重力，给人一种沉重的体量感；力可以集中作用在一个点上，形成凸点、放射的褶皱，给人尖锐的视觉和心理刺激；力可以作用在一条线上，形成锐利的边缘、转折，活跃整个形态的气氛；力也可以均匀作用在一个面上，让它凹陷、膨胀、收缩、鼓起，让我们产生相关的联想。这些都给形态带来饱满的情绪，使它充满感性特质，增强设计的感染力。

以上三个方面综合起来塑造了产品实体的“神态”、“姿态”、“情态”等特质，让产品文本在艺术性上更趋于完整，具有某种“人格化”的属性。

## 2.5.2 课题1 形的方向性

本课题的训练目的是建立形态“方向性”的概念，能够通过点、线、面、力等造型手段来使造型具有微妙的方向态势，从而增强造型的感染力。

### 1. 知识点1

**点要素形成的方向性**

点通过改变整体的轮廓、焦点、重心等方式形成特定的方向感（图2-99）。

图2-99 吊灯（设计者：傅桂涛）

### 线条的方向性

线条的延伸产生方向感，并通过汇聚、转向等形式来强化对视觉的引导性。

图 2-100 案例中，窗线下沿在靠近 C 柱的地方上扬，与 A 柱线条共同强化了车身前冲、蓄势待发的势能感，就像起跑前的运动员或准备跳跃的猛兽。

图 2-101 案例中，车顶前高后低的轮廓线与微微上扬的车底线条形成向后收敛的指向，与车身向前的运动形成平衡，弱化了前冲的势能感，在推动力和阻力之间达到一种平衡，形成匀速运动的动能感，营造一种“挺胸抬头”的姿态，使得整体造型端庄稳固，大气敦厚。

图 2-100　线的方向性（一）

图 2-101　线的方向性（二）

### 面的辐射原理

辐射方向垂直于表面，沿法向作用于外部空间。

一定尺度的表面辐射场的强度取决于其表面积的大小（图 2-102）。

面的朝向、大小、表面肌理等变化带来不同的辐射强度，面的辐射进而影响造型总体的方向感。

基于表面辐射原理，增大形态表面积可以增强某个方向的辐射感，使得这部分空间从环境中独立出来，形成相对稳定的“场所”感，所以在有些空间设计中最常用的手段就是在特定空间的某个方位上，安置表面辐射很强（表面积大）的表面，既营造了场所感，又不需要硬性隔断。同理，增大表面的尺度、多个面朝向同一个方向也可以增强辐射，强化方向感（图 2-103）。

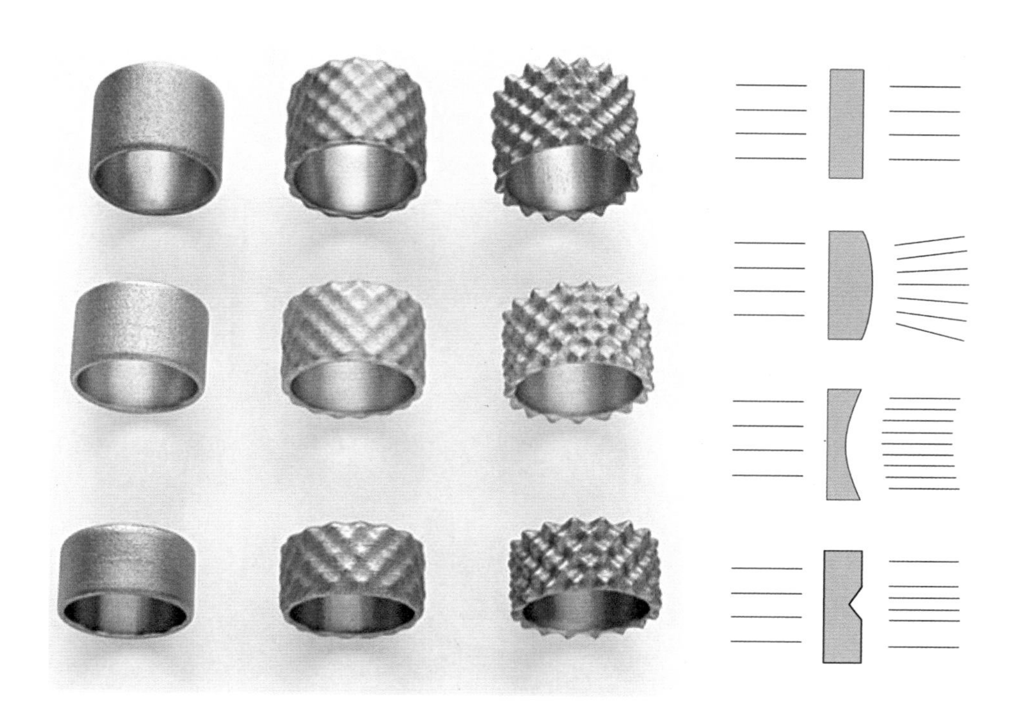

图 2-102　面的辐射原理

图 2-103 面的辐射原理设计案例

## 2. 教学示例

如图 2-104 所示，案例增大监控摄像头保护盖板的前沿面积并形成向前方聚拢的喇叭口形突檐，以增强造型在监控方向上的方向感，并与产品功能契合。同时，突檐结构也具有雨水引流作用，可将雨水引至两侧，避免在雨量较大时遮挡监控镜头。

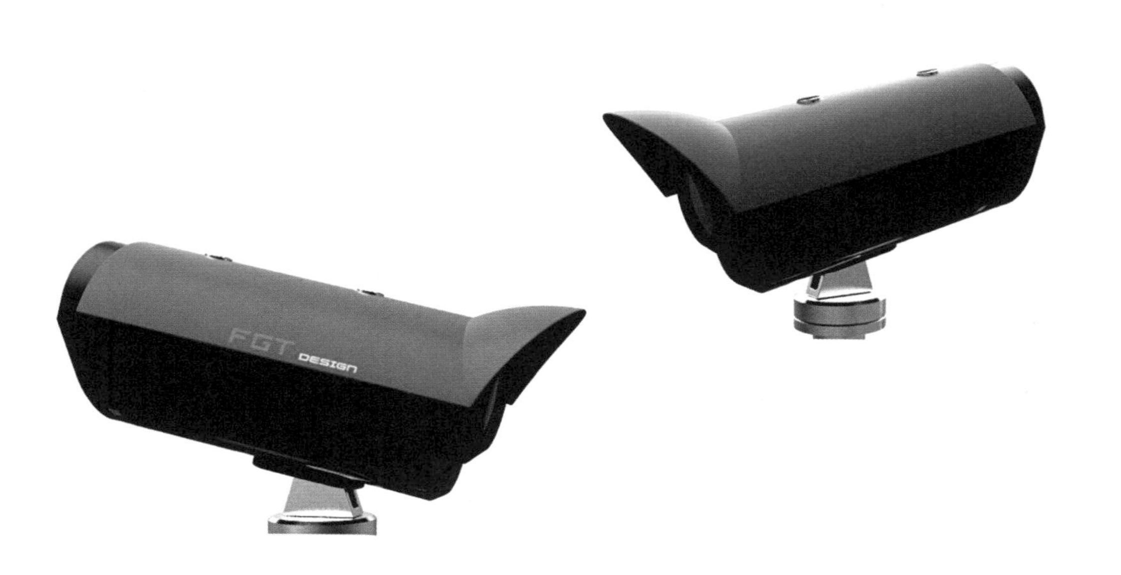


图 2-104 监控摄像头（设计者：傅桂涛）

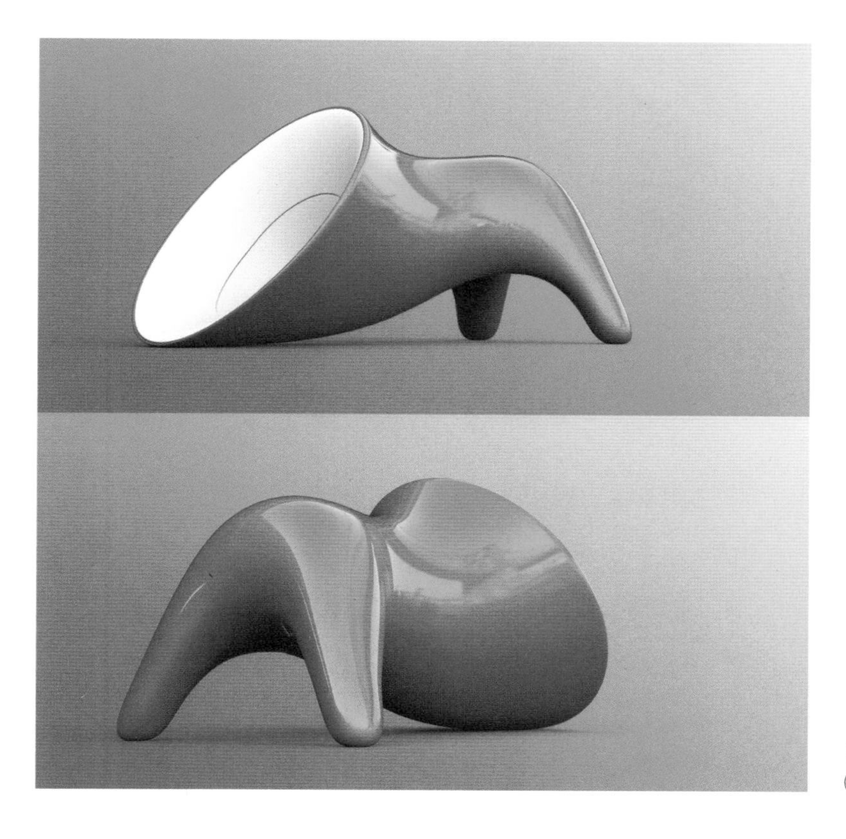

如图 2-105 中儿童家具与玩具的结合，抽象的头部造型形成敞开的空间，可供儿童游戏玩耍及收纳物品，夸张的尺度和敞开的开口，强化了向前的方向感，非常传神地表现了某种动物的神态。

图 2-105 儿童家居用品（设计者：李正演）

### 3. 知识点 2：面的结构与方向性

在“强相关性”中我们讲到，一个整体的形态可以分解为“相似又相对”的两部分，这两部分是造型的主要框架，同样它们也是塑造形态方向感的主要结构。如图 2-106 所示方形盒子可以分解为四个侧面构成的封闭环形结构和上下底面两部分，四面围合的结构将整体的方向感引向竖直方向，底部四周的悬空结构和顶盖上的开孔肌理共同强调了竖直方向的流通感，这就进一步明确了产品在竖直方向上的方向感。

围合结构会将方向感引向轴向，就像各种管道类造型，不管长短，其心理上的方向总是沿着轴向的。因此，管状结构总是沿着管道的轴向（端面的法向）产生方向感，不管这个管状结构有多长（图 2-107、图 2-108）。

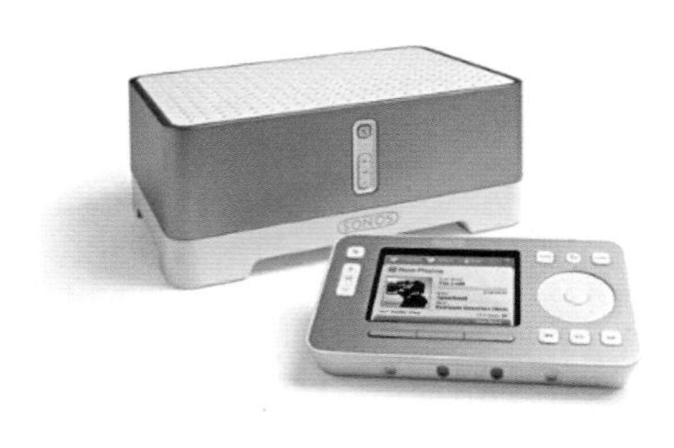


图 2-106　面的围合结构产生的方向性

图 2-107　竹碳滤芯空气净化器（设计者：傅桂涛、李长虞）

图 2-108　加湿器（设计者：李正演）

## 2.5.3 课题 2 力的方向性

本课题的训练目的是建立“力的方向性”的概念，能够从整体上控制形态内部力的冲突关系，用力的方向来表达设计目的，从而增强造型的感染力。

### 知识点

#### 力的平衡与方向性

力和反作用力这一对矛盾之间的平衡关系有明显的方向性，有一方是处于优势的，是主动的，主导着矛盾发展的方向，决定了整体的动势，构建起形态的格局。

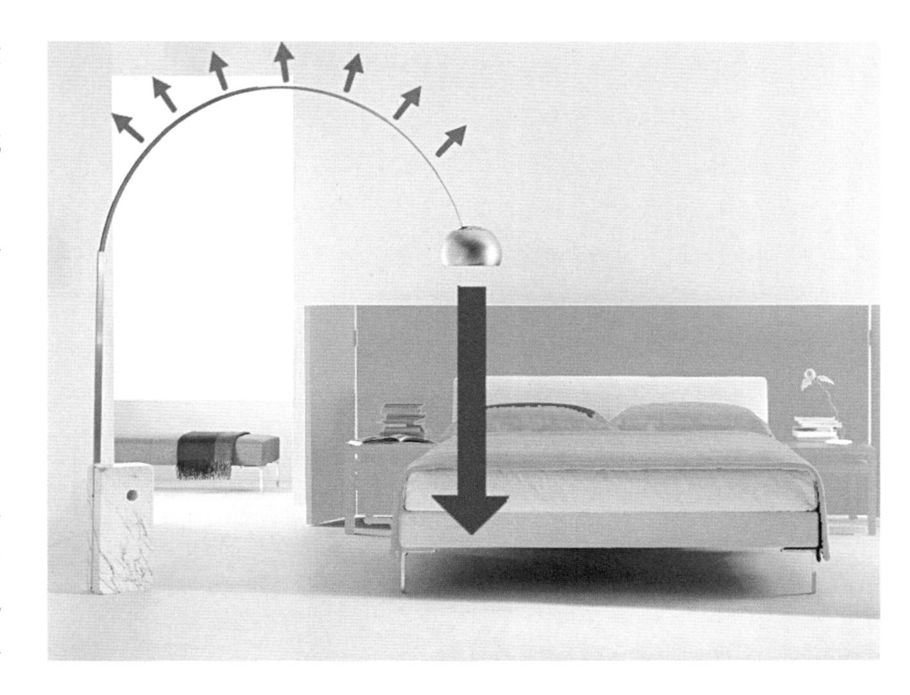

图 2-109 力的方向性（一）

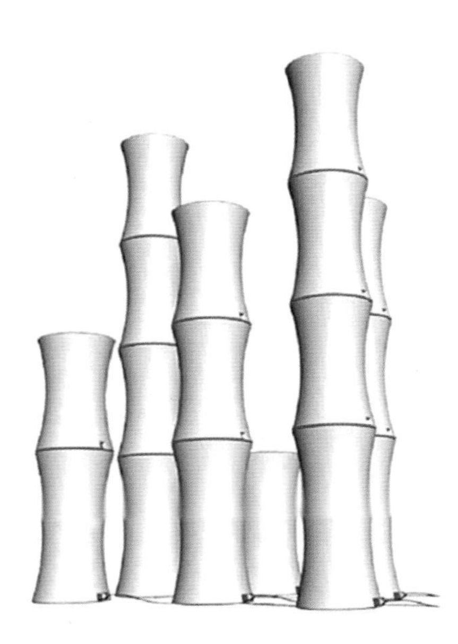

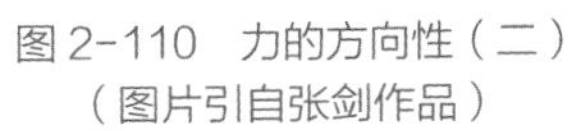

图 2-110　力的方向性（二）
（图片引自张剑作品）

图 2-111　力的方向性（三）

如图 2-109 所示，形态来自互相对抗的一组力（重力与弹性力）的平衡，而这一组相反的力中向下的重力是占优势的——既是先发的（金属杆的反弹是被动的）又是事实上主导结构变形的主要因素，这种内在的对抗而又优劣分明的关系决定了形态总体的转变趋势是向下、收敛的，因此形态给人的感觉是动感中隐含着下垂的稳定性，以及隐忍、柔和的气质。

而图 2-110、图 2-111 则可视为圆柱体的“形”在径向产生变形而形成的“势态”。例一总体的转变趋势是内向的，竹节处的外撑力只能维系形态的稳定而不足以改变这一整体趋势，因此形成内敛、挺拔的态势。例二是一个坐具的形态，下半部分是规则的几何体，只有“形”而没有产生转化的态势，上半部分则产生外向的扩张力，好像在结构中产生了弹性变形，以对抗坐面向下的压力，显然，这种变形是被动的，不足以改变整体向下变形的趋势，因此形态有一种受压的敦实感。而在端面圆周的径向上，曲面外扩的力又比端面处内敛的约束力占优势，因此相比图 2-110 的案例，又有明显的外向的饱满、充盈的态势。

在这里，竹节形态的向内、向上的势态方向性非常明确，而且彼此之间密切相关（挤压、向上）；坐墩形态的向外、向下的势态也是各自简单明确，彼此密切相关。

又如图 2-112 所示，这两把椅子的内部结构之间也存在鲜明的力的对抗和平衡，而总体的态势则体现出不同的方向性。例一中向下弯曲变形的横梁与挺拔直立、两端紧缩的腿柱之间形成力的平衡，虽然腿部的支撑是被动的，但两端收小中间胀大的形态显得挺拔刚劲，虽然总体势态是向下的沉稳感，但沉稳中不失向上的活力。而例二扶手向下弯曲体现重力的作用，且通过两条后腿的弯曲来进一步强化向下的态势，使得支撑部位体现出略微屈服的弹性，沉稳而又带一丝慵懒惬意之感。

图 2-112　力的方向性（四）

以上案例只是体现力的方向性的最基本情形，但即使一个形态内部的对抗关系及因此引发的变形再复杂，最终还是要体现出某种明显的方向态势，否则力的方向不集中、不相关，形态就会给人散、乱的印象。

**力与扭转方向**

在产品造型的结构中引入扭转变向，既可以凸显方向态势，也可以借此让造型充满张力，提高形态的感染力。如图 2-113 所示，扭转的结构将形变引起的内应力映射到人的感知心理中，强化了造型的情绪和特征。

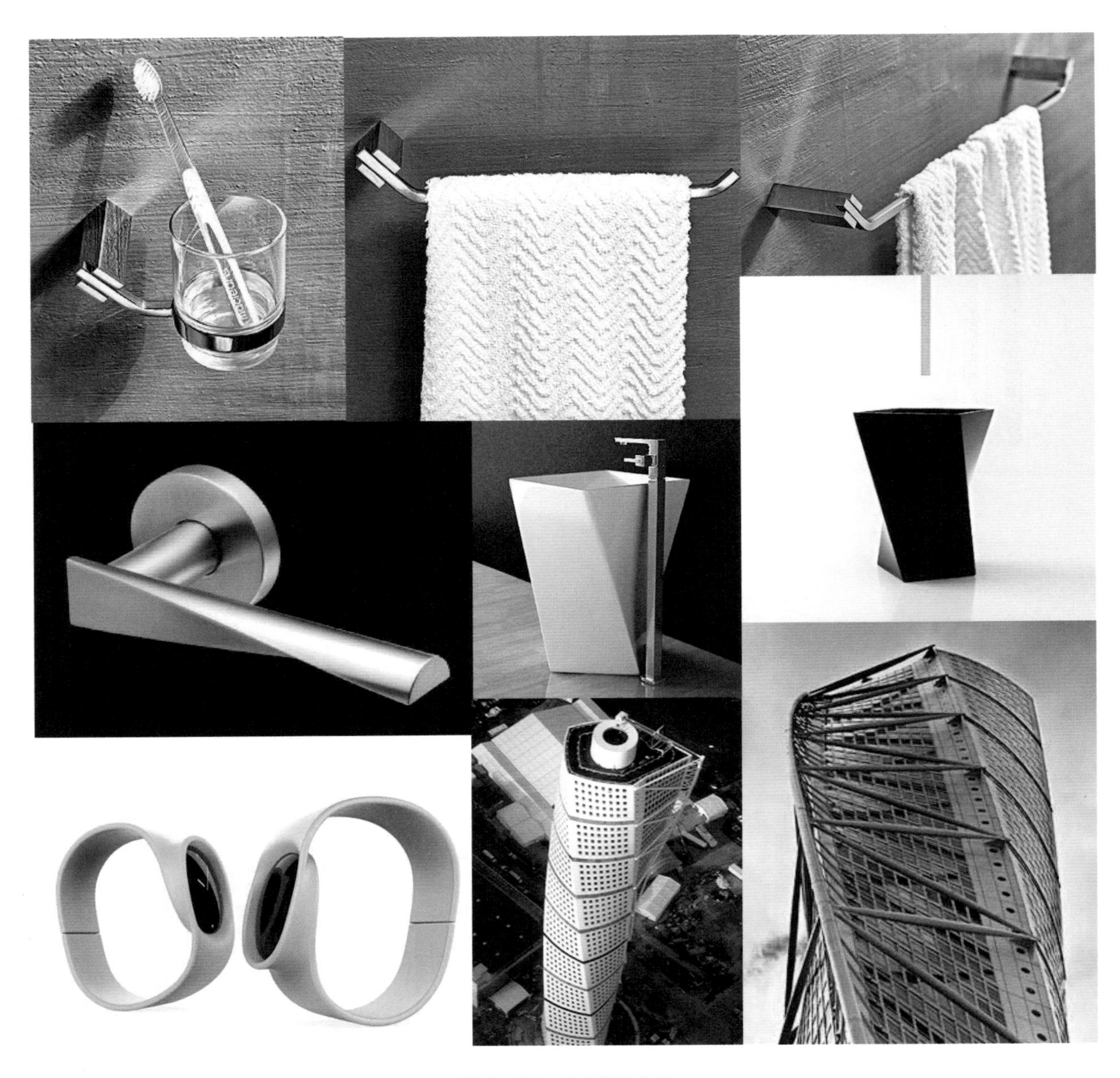

图 2-113　力的扭转方向

## 2.5.4 课题 3 力的表情

本课题的训练目的是建立“力的表情”的概念，能够用不同的表面特征来表达造型的特定感性意象，从而增强造型的感染力。

### 1. 知识点：力的表情

形态的态势除了来自整体的方向感，还与形态表面具体的形式特征有关，除了张力的对抗所赋予形态的动态方向上的大格局之外，构成冲突均势的一对力，也通过力的作用方式上的差异性塑造出不同的表面特征。

力作用于物体的表面，无外乎以点、线、面的形式。因此，如若物体表面因力的作用而变形，也会形成与这三种情形对应的特征。相对于面，点和线都是相对集中作用的，因此可

图 2-114 力的不同表情（一）（引自李铁作品）

以概括地说，物体表面的变形要么与分布力的作用形式对应（力均匀作用在面上），要么与集中力的作用形式对应（力集中作用在点或线上）。前者形成圆润、平顺的表面特征，而后者形成锐利、转折的表面特征。这些特征通过改变物体表面的张力分布来形成势能，带给我们不同的审美体验。

我们称这种类型的形态现象为“张力的表情”（图2-114、图2-115）。

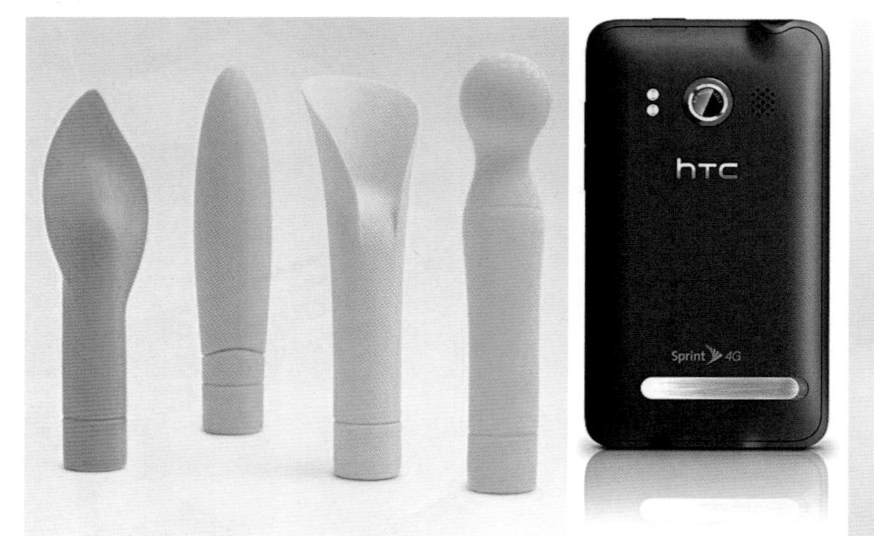


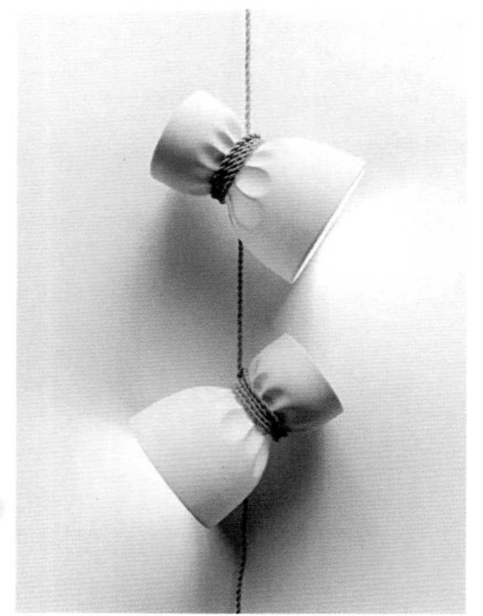

图2-115 力的不同表情（二）

## 2. 教学示例

如图2-116在圆润的表面上通过线段的介入，塑造了集中作用的张力表情——力集中在中间的直线上，把曲面分割为两部分，使得造型柔和中带着挺拔的态势（或者说软硬调到调和），同时，直线并没有贯穿整个面，而是突然中断形成点，集中作用在线条上，紧绷的张力被引导到末端的一点，进一步增加了紧张感，就像戏剧冲突的高潮，使形态具有非常独特的识别性。此产品是网络数据传输设备中的插头，这个柔和又锐利的表面有一种放射状的张力感，很像发射出电磁信号的天线，与产品的功能定位也有一定的关联度。

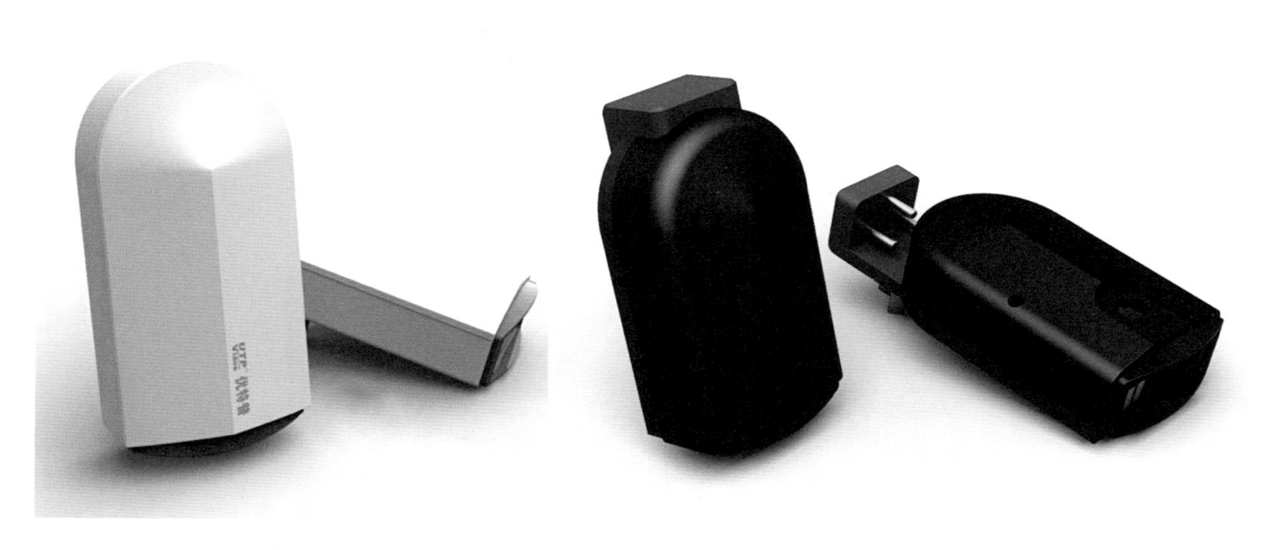

图 2-116　网络插头（设计者：傅桂涛）

### 3. 案例解读

力的方向性和表情综合起来决定了一个形态给人的印象。如图 2-117 所示，上图的概念跑车在形态上给人饱满的肌肉感和前冲的能量感；而下图的 BMW1 系线条明快锐利，给人精干敏捷的印象（这也与 BMW 注重操控体验的品牌价值吻合）。让我们来分析一下其构成机理。

图 2-118 对应的是肌肉感表面的力学模型，在肌肉膨胀压力和表面内的张力这一对动态平衡关系中，压力是主动的而张力是被动的，因此整体的态势是外向型的；而不管肌肉压力还是表面张力，二者都是均布的，使得态势的表情是饱满、顺滑的。这两方面的因素共同造成膨胀的能量感和低阻高速的动力感。图 2-119 对应的是骨感表面的力学模型，在骨架（线、点）的外撑力和表面张力这一对动态平衡关系中，由于作用面积的悬殊差别，表皮中收缩紧绷的张力决定了内向型的整体态势，使得形态内敛、紧凑；而集中作用的骨架外撑力造成锐利紧绷的表面表情特征，有犀利、爽朗之感。这两方面因素共同造成收腹屏息的待发之势和敏捷利落、机动灵敏的观感。

图 2-120 是 BMW 造型设计部门制作的概念车，用弹性覆膜和骨架来模拟动物的“形”和“态”，这展示了其量产车造型语言的结构原理。车身在力的塑造下形成的紧绷的表面和自然的褶皱很好地诠释了“力的表情”这一形态原理。

图 2-117 力的方向和表情

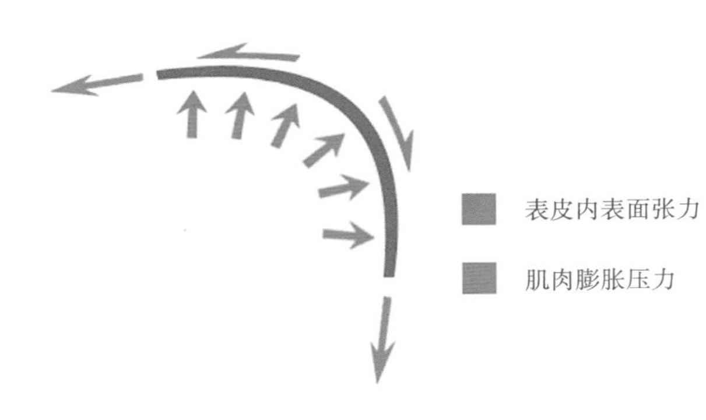


图 2-118 外向型、均布力

图 2-119 内向型、集中力

图 2-120　BMW 曲面造型概念车

## 2.5.5 态的综合运用

综合形的方向性、力的方向性、力的表情三种手段可以塑造产品造型的“姿态”和“神态”。在汽车造型设计等比较复杂、更综合、更感性化的设计课题中，要处理更加多的造型要素——点、线、面、体、形、转折、过渡、特征、肌理等，要体现形态的情绪感染力等诸多要求，这时抓住“方向性”这个关键点，着力雕琢“力的表情”这个造型语言就可以让问题变得更清晰，对形态的综合把控能力就会更强。如图2-121、图2-122、图2-123、图2-124所示，通过线条、块面、转折等多种手段来凸显形态的方向性、结构的张力以及力作用在表面上的不同表情，从而将复杂的形态要素凝聚起来，形成统一的格局。

### 1. 教学示例

图2-121 越野车车身姿态（设计者：傅桂涛）

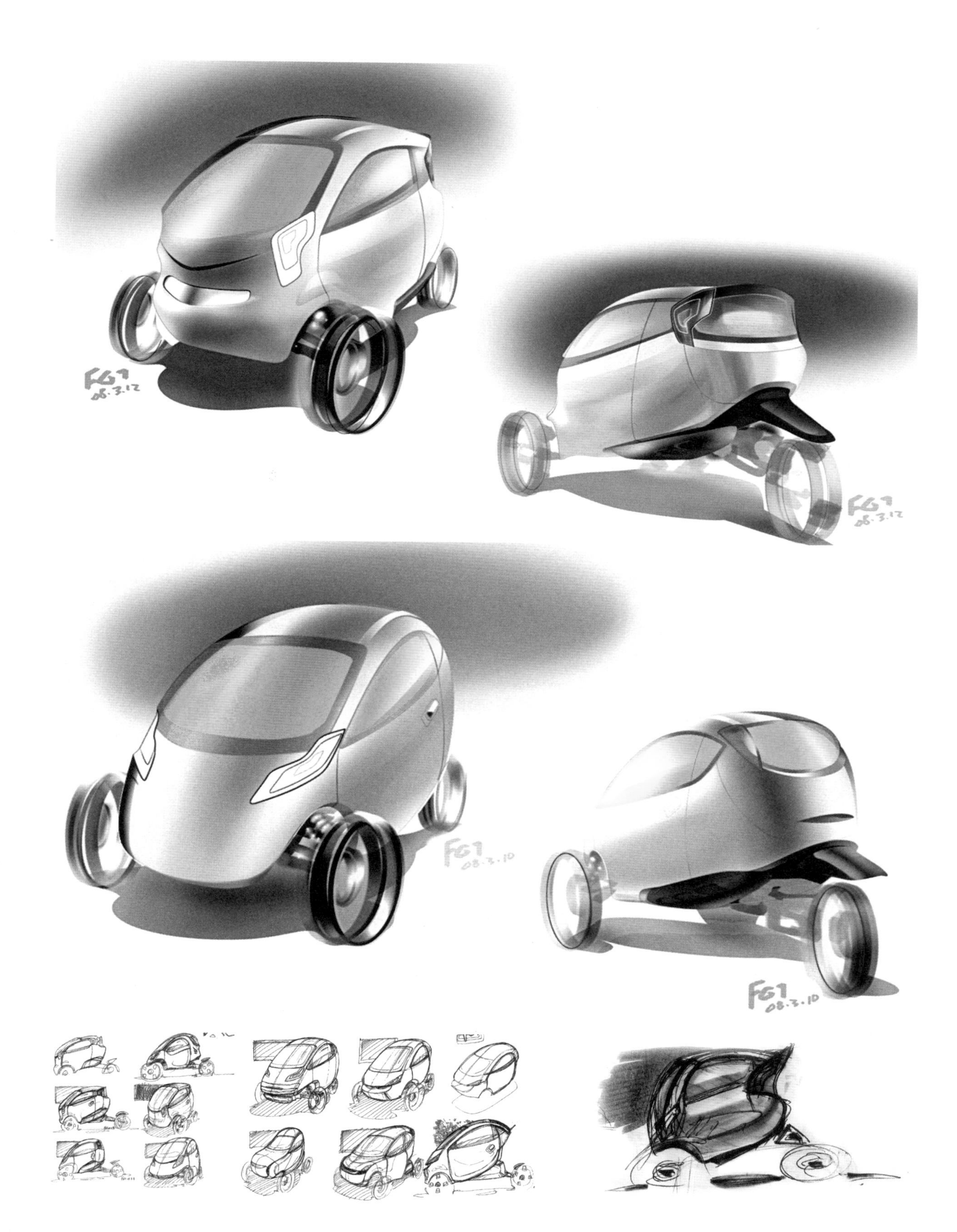


图 2-122 三轮车车身姿态（设计者：傅桂涛）

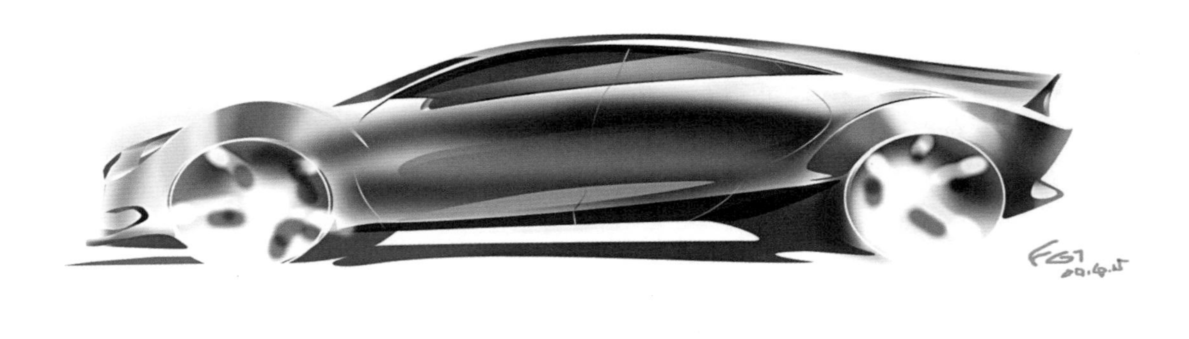

图 2-123 乘用车车身姿态（设计者：傅桂涛）

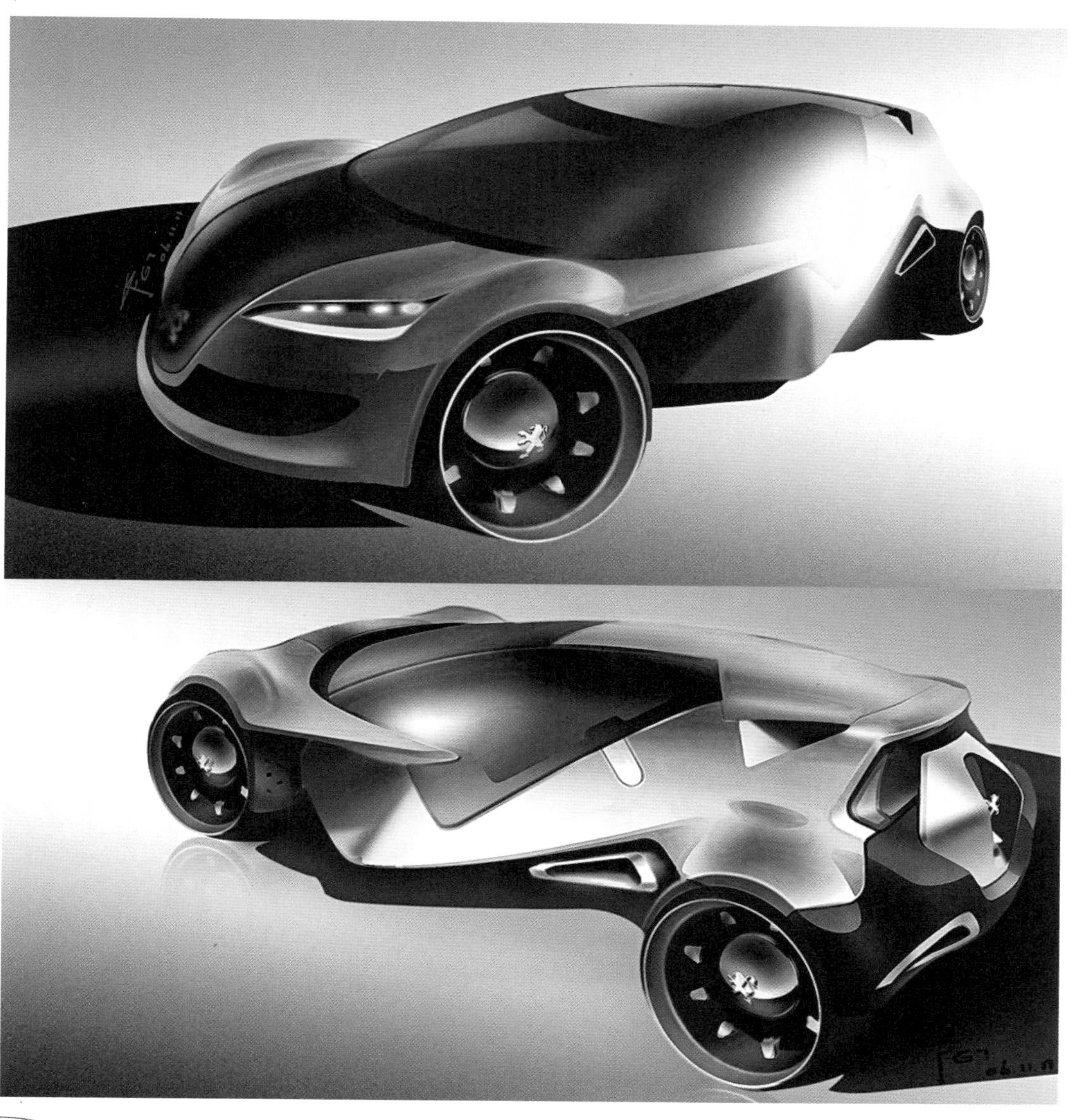

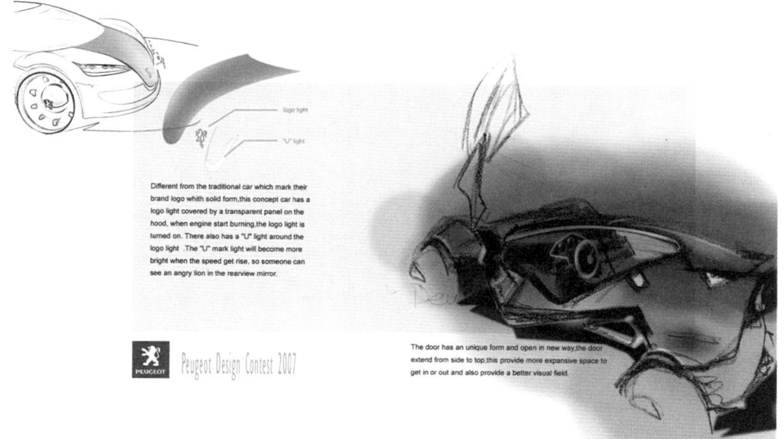

logo light
"U" light
Different from the traditional car which mark their brand logo whith solid form,this concept car has a logo light covered by a transparent panel on the hood, when engine start burning,the logo light is turned on. There also has a "U" light around the logo light .The "U" mark light will become more bright when the speed get rise, so someone can see an angry lion in the rearview mirror.
PEUGEOT
Peugeot Design Contest 2007
The door has an unique form and open in new way,the door extend from side to top,this provide more expansive space to get in or out and also provide a better visual field.

图 2-124 概念车车身姿态
（设计者：傅桂涛）

03

# 第 3 章　课程资源导航



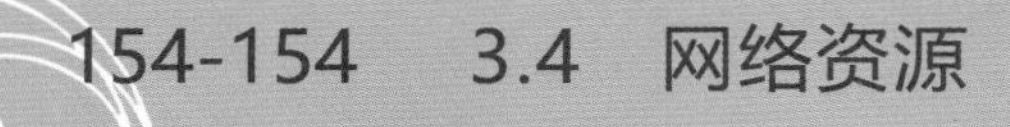

# 第 3 章　课程资源导航

## 3.1　课堂构思练习

以计时装置为设计课题（图 3-1～图 3-7）

图 3-1 作品整理自浙江农林大学工业设计专业 2016 级学生课堂作业

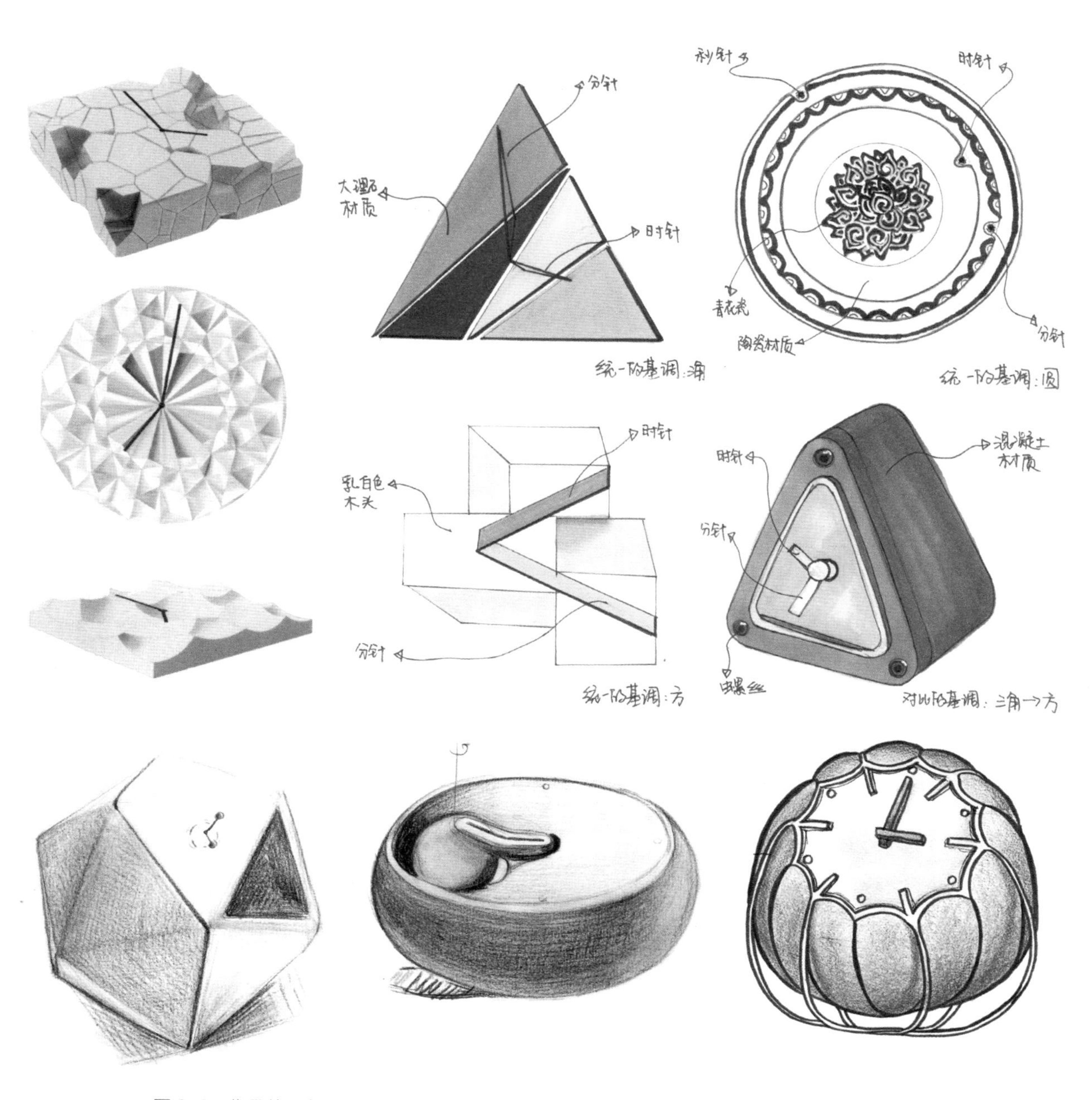


图 3-2　作品整理自浙江农林大学工业设计专业 2016 级学生课堂作业（设计者：琚思远等）

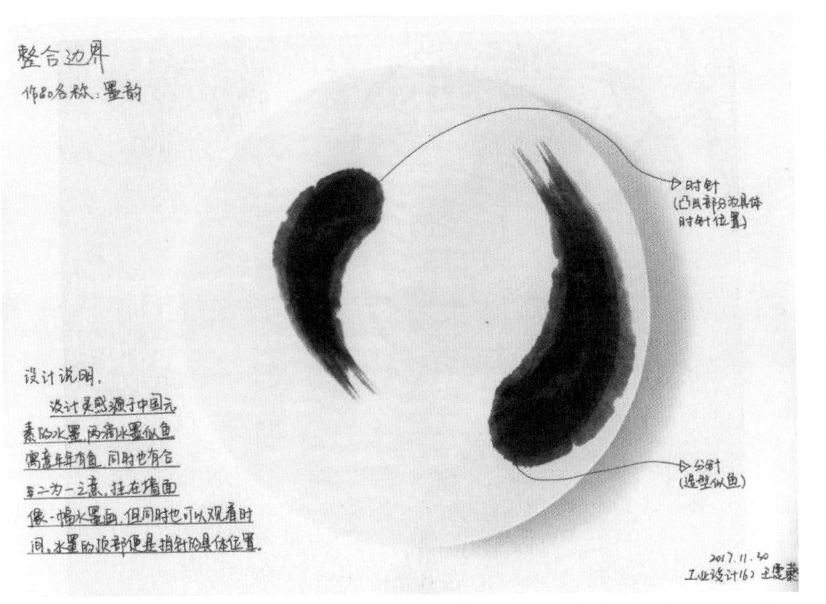


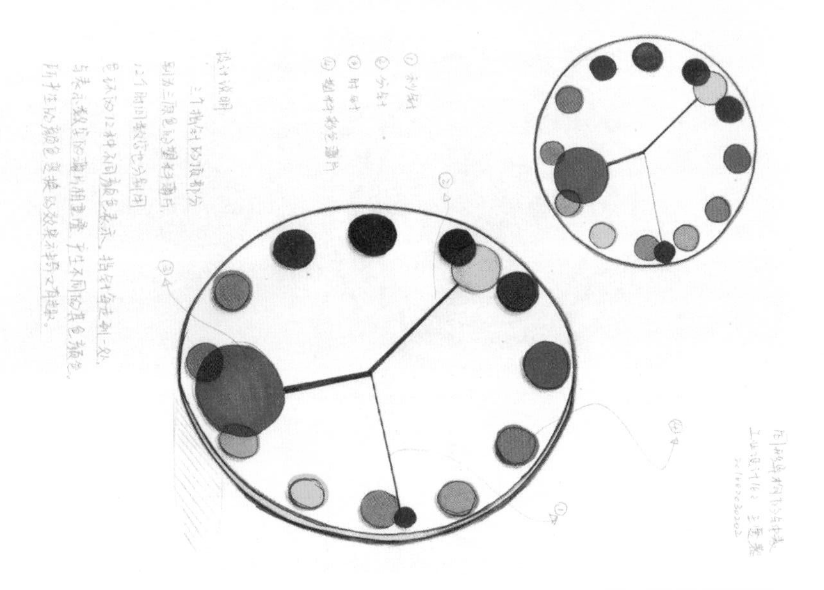


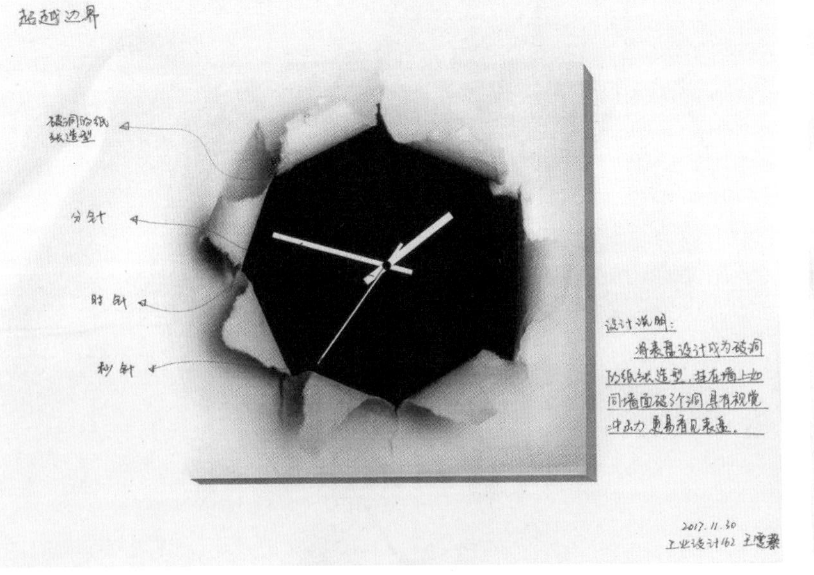


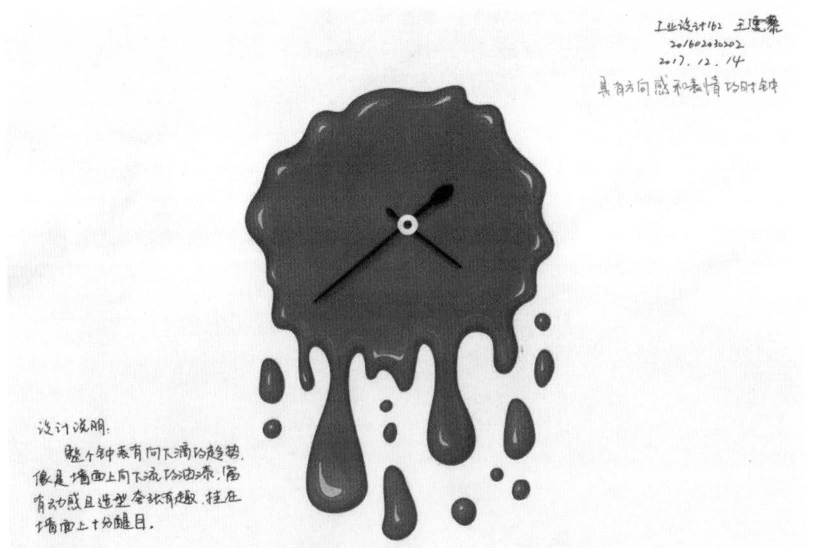


图 3-3 作品整理自浙江农林大学工业设计专业 2016 级学生课堂作业（设计者：王雯藜等）

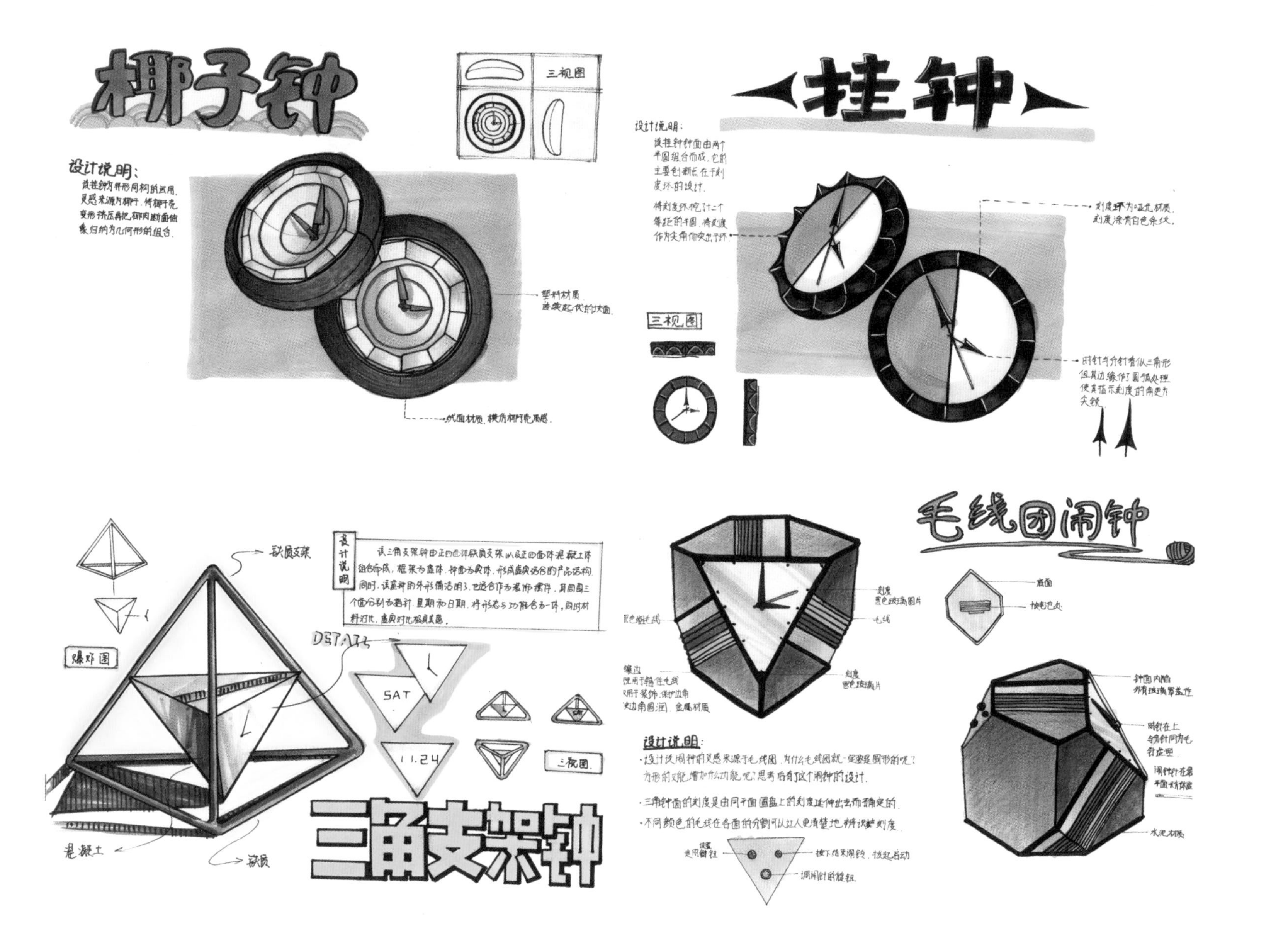


图 3-4 作品整理自浙江农林大学工业设计专业 2016 级学生课堂作业（设计者：陈旭等）

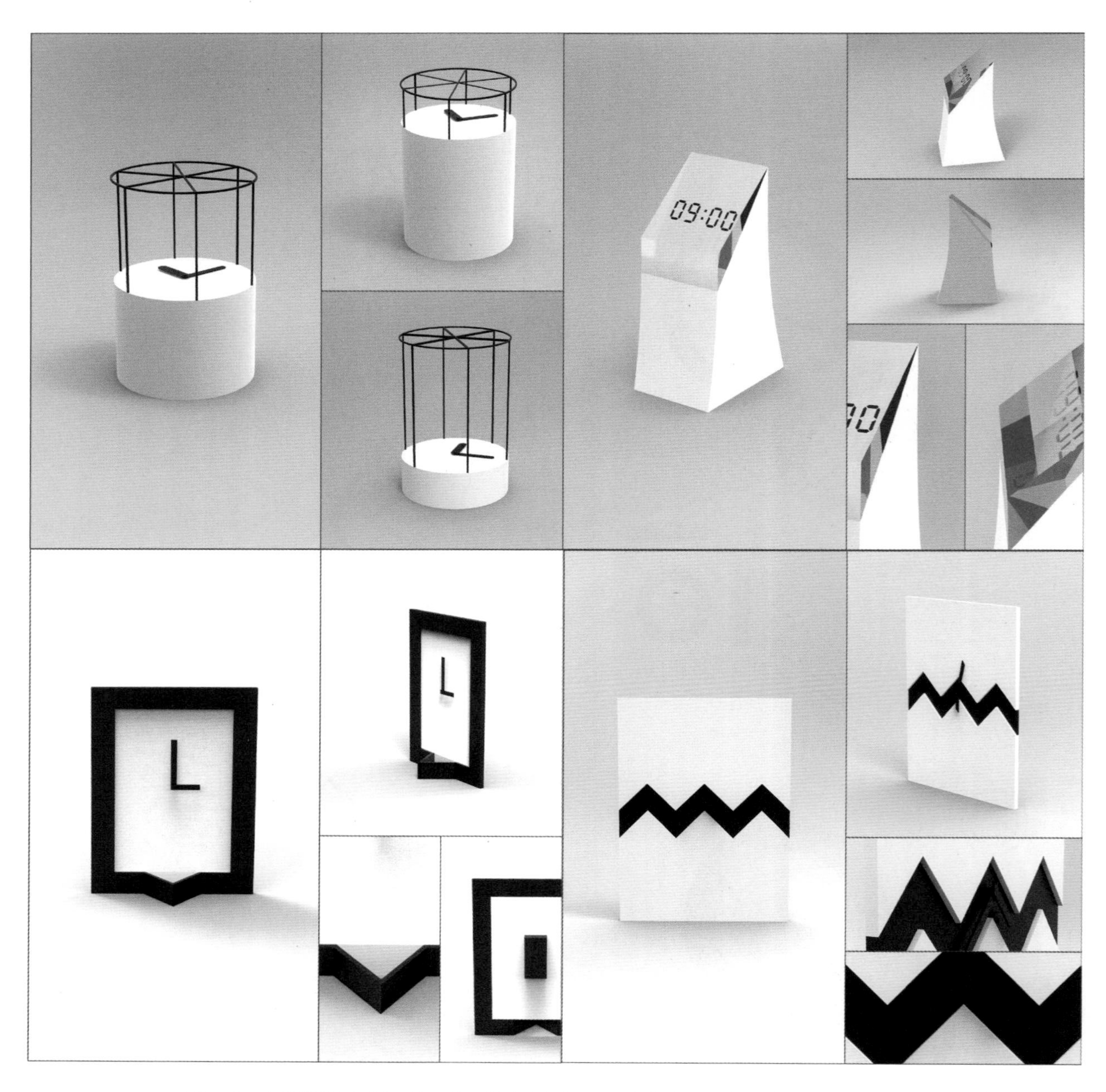


图 3-5 作品整理自浙江农林大学工业设计专业 2016 级学生课堂作业（制作者：潘利涛）

图3-6　作品整理自浙江农林大学工业设计专业2016级学生课堂作业（制作者：潘利涛）

图 3-7　作品整理自浙江农林大学工业设计专业 2016 级学生课堂作业（制作者：潘利涛）

## 3.2 优秀学生概念设计作品（图3-8～图3-18）

图 3-8 李正演作品

图 3-9　李正演作品

图 3-10　李正演作品

第五届"潘天寿设计艺术奖"中国制造2025全国工业产品创意设计大赛
PAGE : 2
立柜
立柜突破传统柜子死板的设计风格，将内凹的翘檐造型与之结合，用户可以将东西放在上方，防止滑动。下方的柜体可以放置其他杂物，整体造型朴素自然，古色古香。
衣帽架
衣帽架通过交错的造型塑造出富有韵味的江南屋舍景象，交错的屋顶可以用来披衣物，下方的圆盘可以放置杂物与首饰、手表等东西，方便拿取，三角形的结构有利于衣架的稳定，同时凸显古朴的形态美。
矮柜
矮柜将注重实际的功能性，上方为翘檐形态的弧面设计，用于放置东西下方安装有抽屉，可以存放物体。整个造型和谐自然，能满足用户对于矮柜功能的需求，同时装饰家庭环境。
忆舍江南
木与生活家居设计

图 3-11 李正演作品

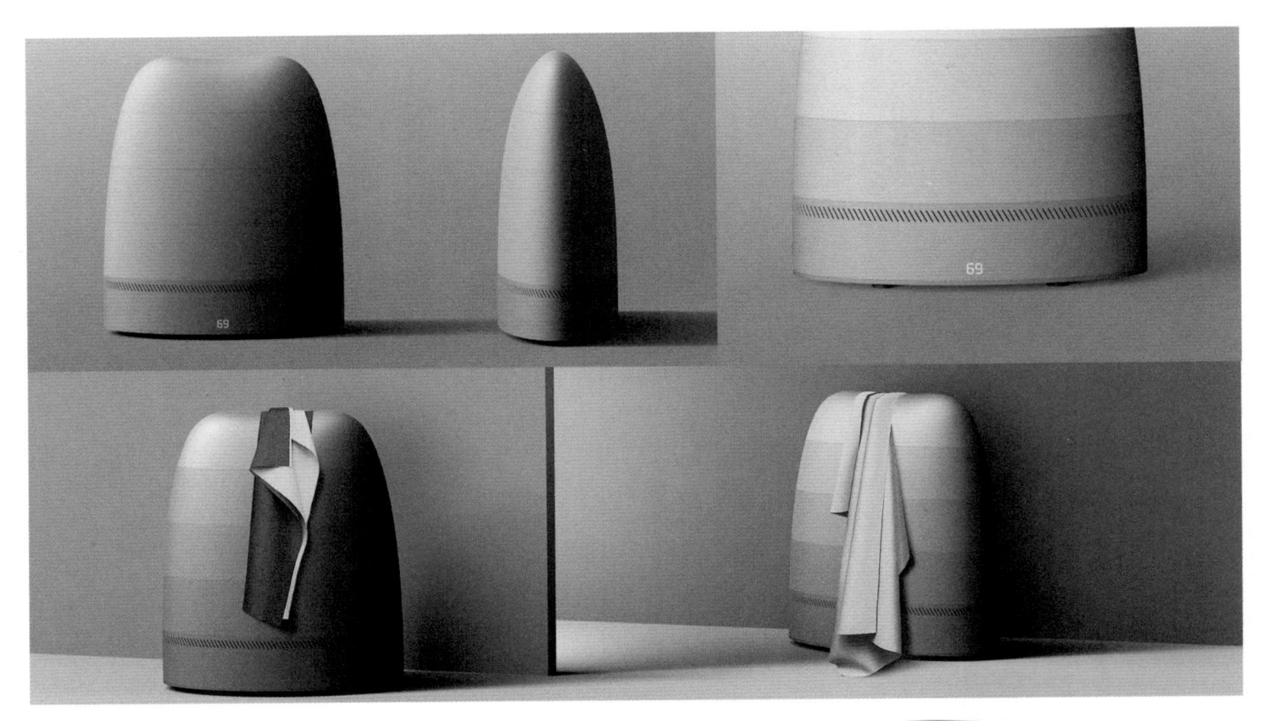

图 3-12　李正演作品

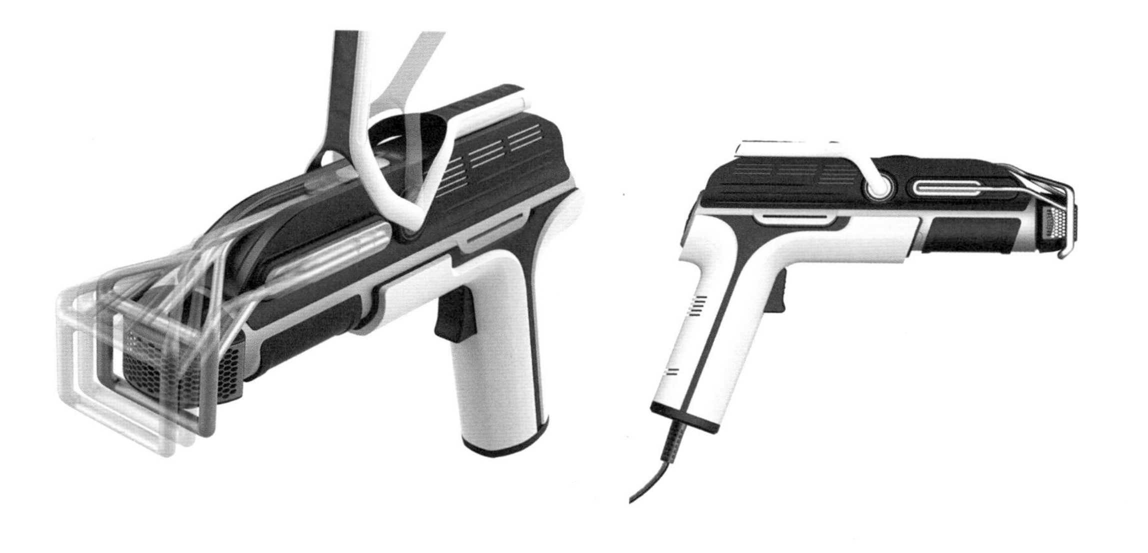

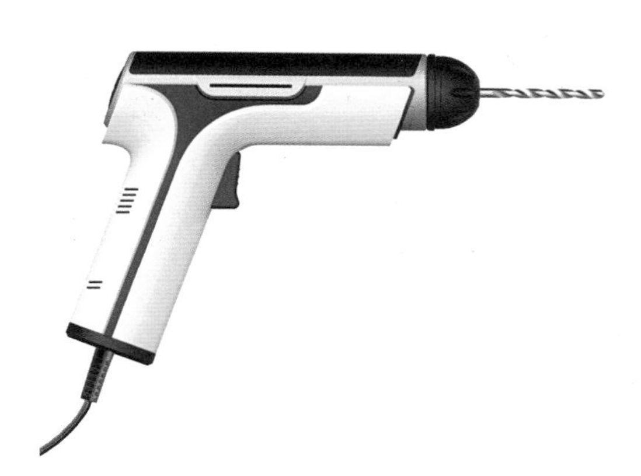

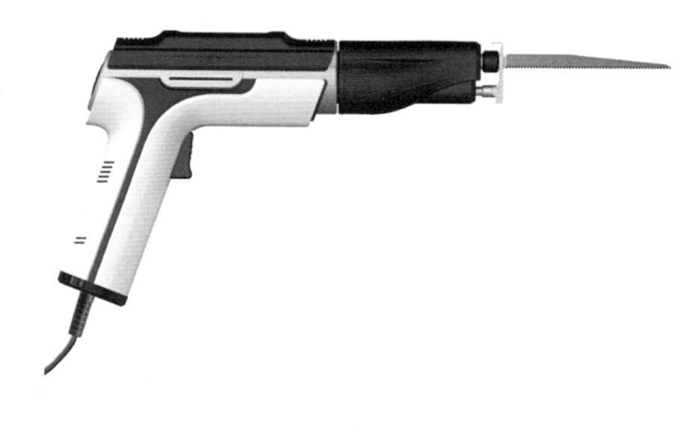

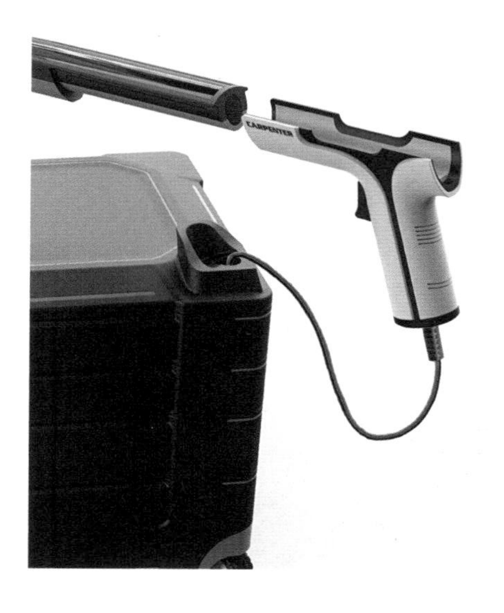

图 3-13　李正演作品

2015“市长杯”创意杭州工业设计大赛
PHOENIX
灾后破碎机设计
设计说明
经历过灾难（地震，泥石流，洪水等）后。灾难现场的清理与灾后的重建工作是最直接的问题。PHOENIX灾后破碎机将破碎技术与挖掘技术结合，大石块与房屋的水泥板投入设备中，变成小石块输出，石块可轻松运走，也可用作灾后重建的材料PHOENIX也可用移动控制手柄控制，更加人性化操控。
PHOENIX
动臂转轴
动臂油缸
动臂
斗杆转轴
斗杆油缸
斗杆
铲斗
挖掘驱动装置
进料口
机架
驾驶室
车前单侧门
车前灯
车头与进料口
尾灯
履带板
缓冲弹簧
行走马达
引导轮
支重轮
履带装置
散热孔
传输带
角度调节
指示灯
撕碎机
传输装置
01


图 3-14 李正演作品

2015“市长杯”创意杭州工业设计大赛
一体化工作
Phoenix能单独完成石块的破碎、撕碎、传输与现场的清理工作。提高了效率与水平。Phoenix车门开在车头，方便上下车，也避免了在施工过程中的意外事故。
遥控操作
远程的遥控为工作人员的人身安全提供了保证，同时，也简化了操作的步骤，用户使用设备也更舒适。无需长期呆在充满粉尘的工程车辆内部
PHOENIX

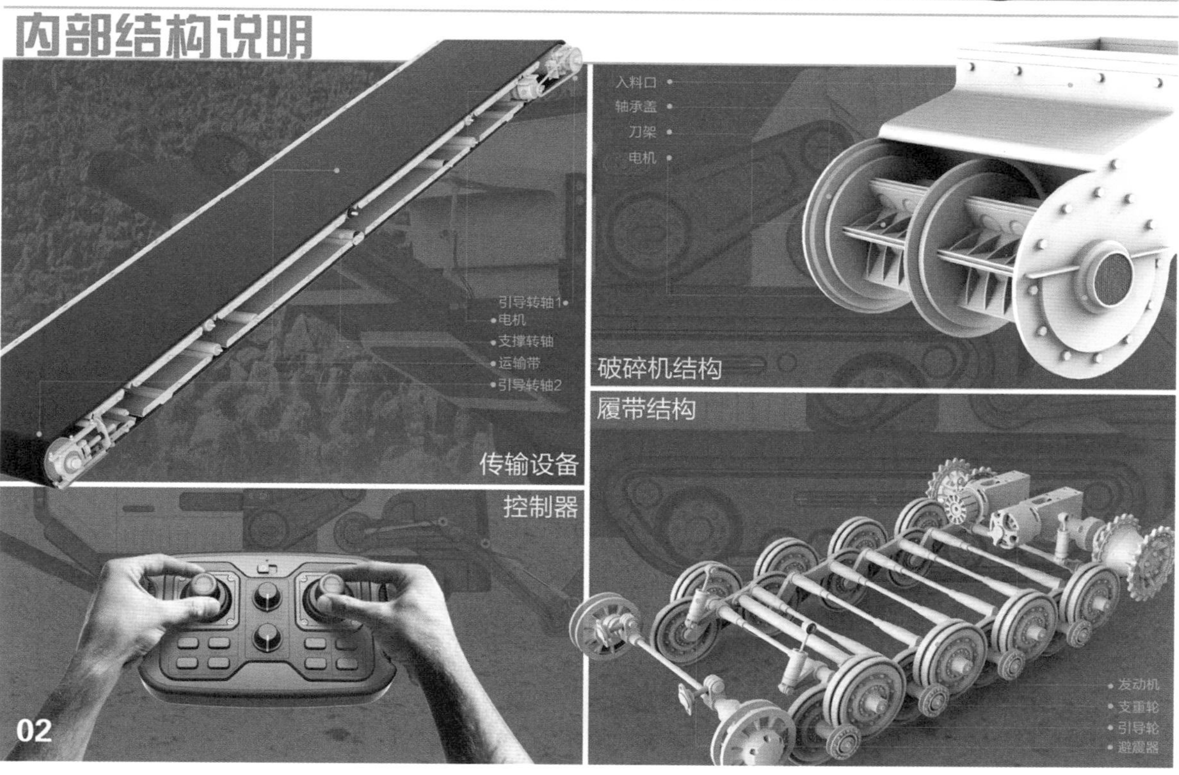
内部结构说明
入料口
轴承盖
刀架
电机
引导转轴1
电机
支撑转轴
运输带
引导转轴2
传输设备
破碎机结构
履带结构
控制器
02
发动机
支重轮
引导轮
避震器

图 3-15 李正演作品

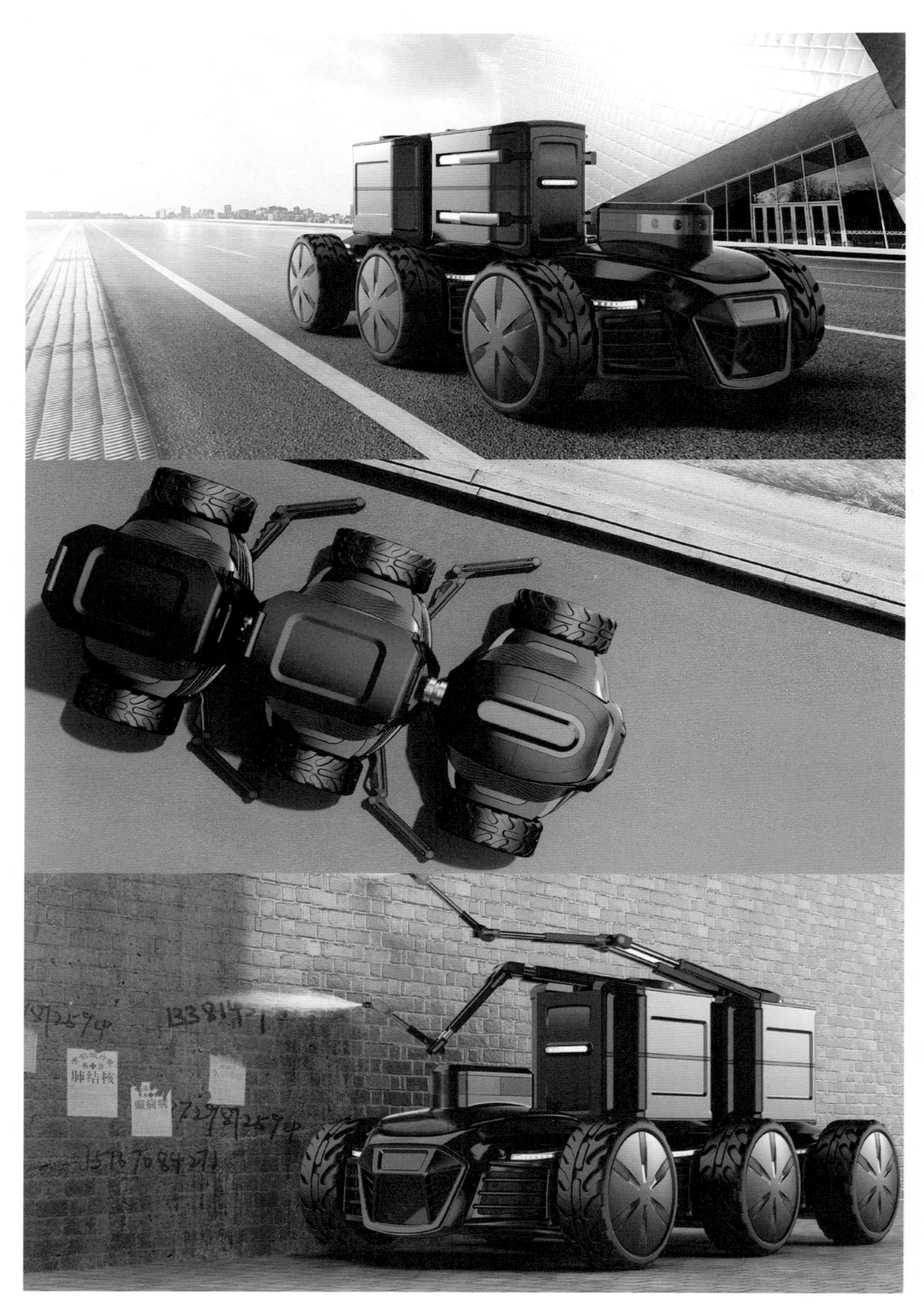


图 3-16　李正演作品

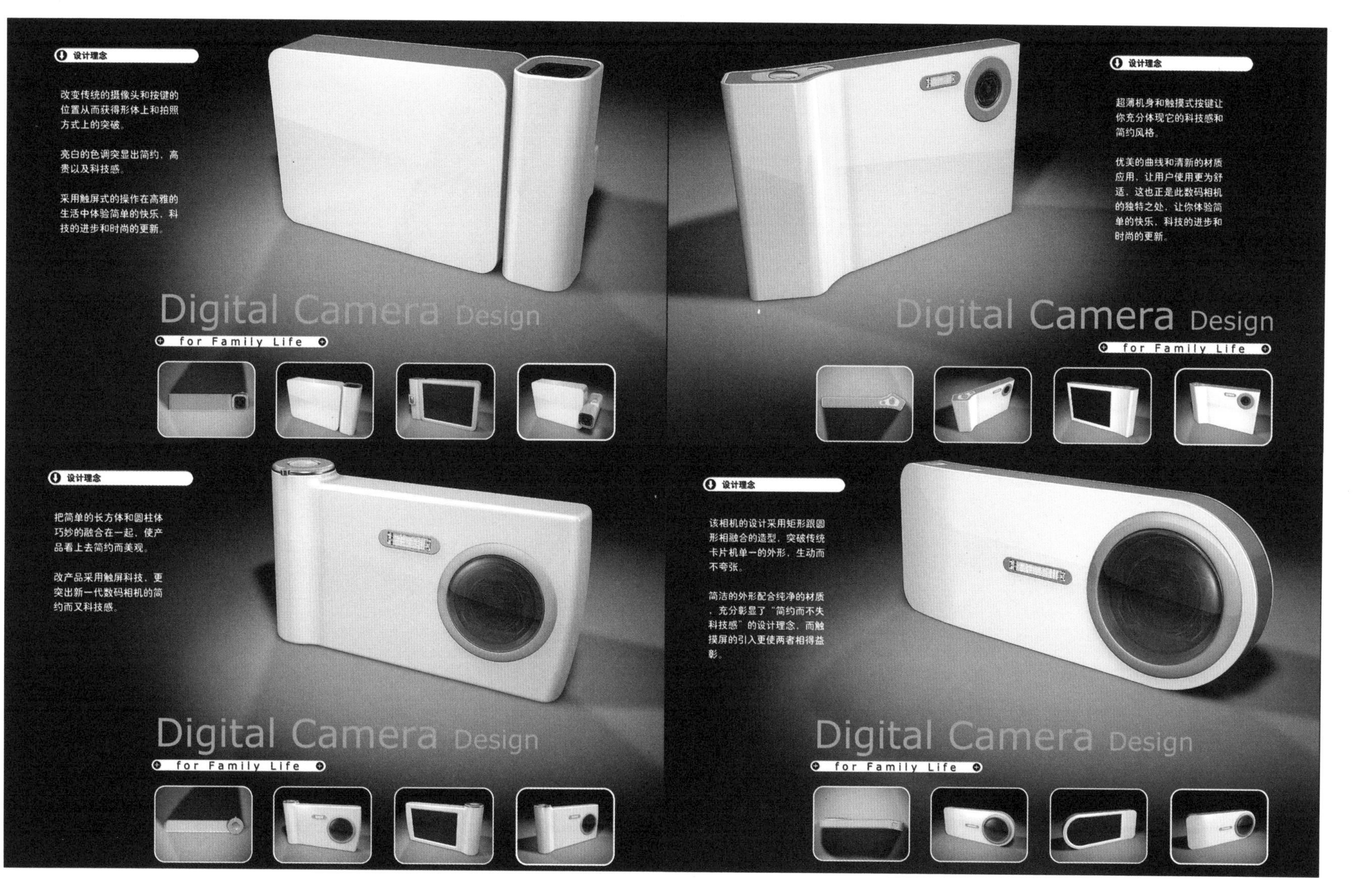
设计理念
改变传统的摄像头和按键的位置从而获得形体上和拍照方式上的突破。
亮白的色调突显出简约、高贵以及科技感。
采用触屏式的操作在高雅的生活中体验简单的快乐、科技的进步和时尚的更新。
Digital Camera Design
for Family Life
设计理念
超薄机身和触摸式按键让你充分体现它的科技感和简约风格。
优美的曲线和清新的材质应用，让用户使用更为舒适，这也正是此数码相机的独特之处，让你体验简单的快乐、科技的进步和时尚的更新。
Digital Camera Design
for Family Life
设计理念
把简单的长方体和圆柱体巧妙的融合在一起，使产品看上去简约而美观。
改产品采用触屏科技，更突出新一代数码相机的简约而又科技感。
Digital Camera Design
for Family Life
设计理念
该相机的设计采用矩形跟圆形相融合的造型，突破传统卡片机单一的外形，生动而不夸张。
简洁的外形配合纯净的材质，充分彰显了"简约而不失科技感"的设计理念，而触摸屏的引入更使两者相得益彰。
Digital Camera Design
for Family Life

图 3-17 涂浙闽作品

J-NF design
Logo
Circular
Black & White
Male & female
Digital watches
principle of mechanical watch
Strap buckle
For men and for women
20140101
Rotate clockwise.
Mechanical movement
Changes in the minute hand
Change according to
12 h + 60 s.
Together forever.

图 3-18 蒋南风作品

## 3.3 实际设计项目（图3-19～图3-22）

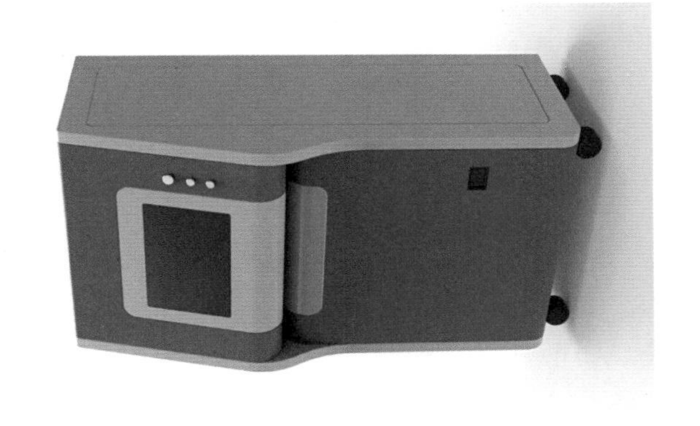

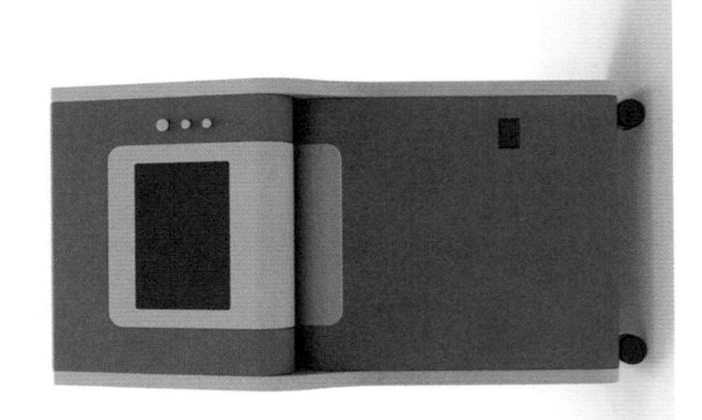

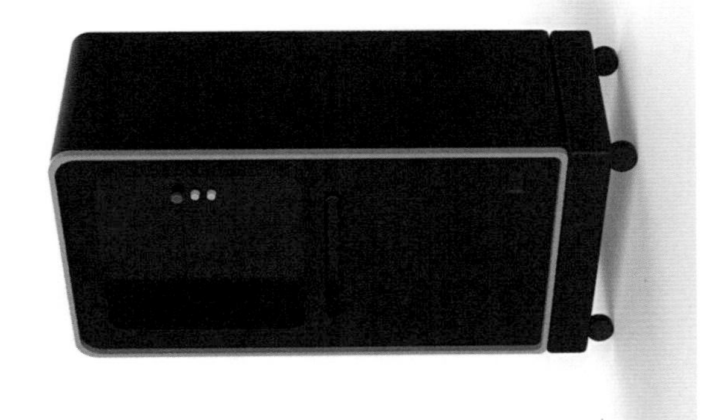

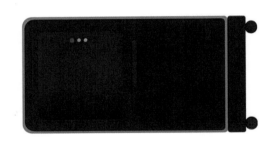

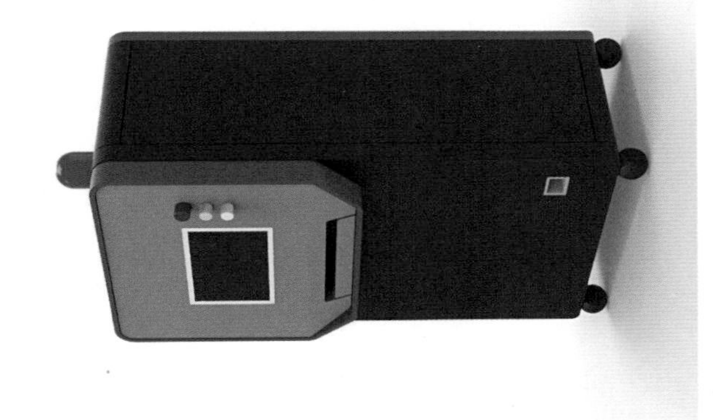

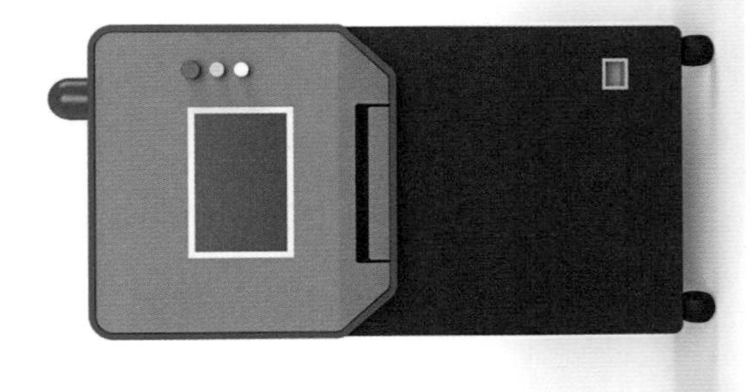

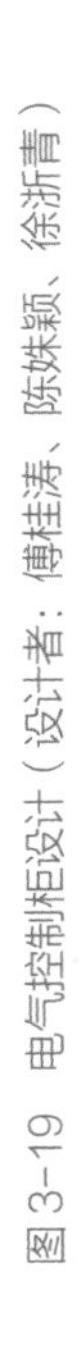

图3-19 电气控制柜设计（设计者：傅桂涛、陈姝颖、徐浙青）

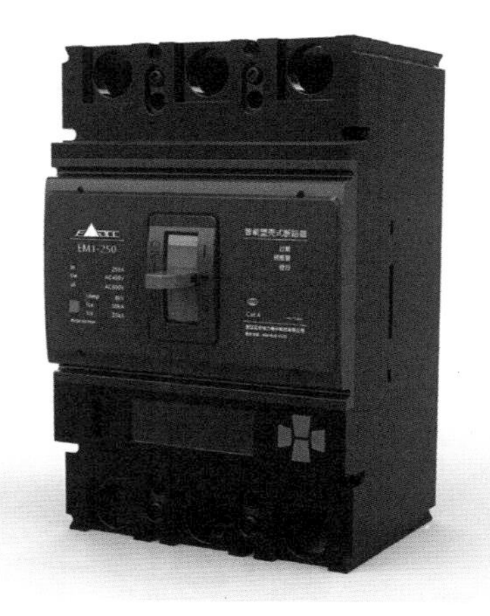

图3-20 光伏并网开关系列设计（设计者：傅桂涛、杨敬之、吉玉龙、李磊、钱佳慧、潘利涛）

图 3-21　电动四轮车设计（设计者：傅桂涛）

图 3-22　电动四轮车设计（设计者：傅桂涛）

## 3.4 网络资源

普象工业设计小站成立于 2011 年，隶属于普象文化集团，是中国工业设计领域最大的网络社区之一。
http://www.pushthink.com/

设计在线 | designonline 创立于 1997 年 9 月，是国内成立最早的设计专业网站。设计在线伴随着中国设计行业的发展一起成长，已然成为中国几代设计人必看的专业权威网站。
http://www.dolcn.com/

Billwang 工业设计网成立于 2000 年 9 月，是以工业设计为核心的创意设计行业互联网传播平台。会员涵盖了大陆、台湾及国外相关院校的学生、教师、知名企业管理人员和工业设计从业人员。
http://www.billwang.net/

视觉中国是一家国际知名的以“视觉内容”为核心的互联网科技文创公司，视觉中国整合全球优质版权内容资源，基于大数据、人工智能技术，通过互联网版权交易平台提供高质量专业性的图片、视频及音乐素材。
http://www.visualchina.com/

Behance 是综合性、国际化的设计作品展示、交流平台，作品涵盖各个艺术设计领域，有较高的参考价值。
http://www.behance.net/

# 参考文献


[1] 同济大学建筑系建筑设计基础教研室．建筑形态设计基础 [M]．北京：中国建筑工业出版社，1981.

[2] 汤军．工业设计造型基础 [M]．北京：清华大学出版社，2007.

[3] 于东玖．造型设计初步 [M]．北京：中国轻工业出版社，2008.

[4] 傅桂涛．产品创意的核心构成——意境与形式 [M]．北京：中国建筑工业出版社，2010.

[5] 傅桂涛，陈国东．产品形态设计 [M]．北京：中国水利水电出版社，2012.

[6] 刘先觉．现代建筑理论 [M]．北京：中国建筑工业出版社，1981.

[7] 刘先觉．密斯・凡・德・罗 [M]．北京：中国建筑工业出版社，1992.

[8]（美）鲁道夫・阿恩海姆．艺术与视知觉 [M]．滕守尧，朱疆源译．成都：四川人民出版社，1998.

[9] 赵江洪．设计艺术的含义 [M]．长沙：湖南大学出版社，1999.

[10] 谭淑敏．产品设计中的空间因素 [J]．包装与设计，1999（5）.

[11] 原研哉．设计中的设计 [M]．朱锷译．济南：山东人民出版社，2006.